水稻低碳高产栽培技术及应用案例

钟旭华　梁开明　潘俊峰 等　著

中国农业出版社
北京

著者简介

钟旭华，男，汉族，1963年生，江西赣县人。广东省农业科学院水稻研究所二级研究员，华中农业大学兼职教授，中国作物学会栽培专业委员会委员，广东省植物生理学会副理事长，广东省水稻产业技术体系首席专家，《作物学报》和 *The Crop Journal* 编委，享受国务院政府特殊津贴。

长期从事水稻高产高效栽培理论与技术研究，在水稻高效施肥、低碳栽培和抗倒栽培方面取得重要成果。主持国家自然科学基金、国家863、国家公益性行业科研专项、广东省自然科学基金、广东省科技攻关和国际合作等项目（课题）40多项。发表论文120多篇，主著（编）专著3部，获授权国际发明专利（PCT）1项，主持起草技术标准2项。主持研发的水稻"三控"施肥技术入选农业农村部主推技术和广东等多省农业主推技术，水稻节水减肥低碳高产栽培技术入选国家发改委重点推广技术目录。获省部级科技成果奖8项，2014年获Norman Borlaug奖，2021年获广东省丁颖科技奖。

内容简介

本书针对我国（特别是华南稻区）水稻生产问题，简要介绍了以低投入、低污染、低排放、高产量（即"三低一高"）为主要特征的水稻低碳高产栽培技术的操作方法。全书共分为三个部分。第一部分为概述，简要介绍水稻低碳高产栽培的概念、主要内容和应用概况；第二部分为操作规程，从品种选用、施肥、水分管理等方面，详细介绍了移栽稻和直播稻的操作要领；第三部分为典型应用案例，具体介绍该技术在广东等地的示范应用效果。全书紧贴生产实际，图文并茂，通俗易懂，可操作性强。可供基层干部、农技人员和广大水稻种植户学习使用，也可供相关科研单位和农业院校师生阅读参考。

著者名单

钟旭华　梁开明　潘俊峰　傅友强
胡香玉　黄农荣　彭碧琳　刘彦卓
胡　锐　李妹娟　叶群欢

前　言

　　粮食安全和气候变化是我国面临的两个重大问题。随着社会经济的发展，我国人口、资源、环境的矛盾日益尖锐。一方面，由于人口增加、耕地减少，必须提高粮食单产；另一方面，粮食产量的提高必须以保护环境为前提。气候变化是当今人类面临的最为严峻的全球环境问题之一，其主要表现为温度升高、极端天气、冰川消融、永久冻土层融化、珊瑚礁死亡、海平面上升、生态系统改变、旱涝灾害增加、致命热浪等。气候变化的主要原因是人类活动向大气中排放过量的二氧化碳（CO_2）、甲烷（CH_4）和氧化亚氮（N_2O）等温室气体。采取技术和政策措施、减少温室气体排放是减缓气候变化的根本途径。

　　农业是重要温室气体排放源之一，中国农业排放的温室气体约占温室气体排放总量的5.4%。水稻是我国最重要的粮食作物，稻田是重要的温室气体排放源。CH_4和N_2O是仅次于CO_2的温室气体，而稻田是CH_4和N_2O的主要排放源之一。水稻种植所产生的温室气体排放量约占农业温室气体排放总量的16%。我国的水稻生产有可能成为碳源，也有可能成为碳汇，由多种因素共同决定。研发水稻低碳高产栽培技术，对于保障国家粮食安全、减少温室气体排放都具有重要意义。一方面，水稻是广东省第一大粮食作物，其高产稳产直接关系到广东省的粮食安全，而另一方面，广东作为全国5个低碳试点省份之一，已于2010年正式启动低碳省建设。因此，水稻低碳高产栽培对于广东水稻产业发展尤为重要。

长期以来，我国水稻生产上习惯于"大水大肥"，不仅浪费了大量水肥资源，而且造成大量化肥养分流失、污染环境，还增加稻田温室气体排放。长期淹灌是稻田温室气体排放量居高不下的重要原因。中国是一个水资源短缺的国家，人均水资源占有量仅为世界平均水平的1/4。我国人均拥有的水资源量为2 300米^3，在世界上排名第125位。在中国的水资源总量中，农业用水是大头，占60%左右，水稻是耗水大户。华南地区虽然雨量充沛，但是，由于降雨时空分布不均，区域性、季节性缺水几乎年年发生，特别是作为广东水稻主产区的粤西地区，缺水问题更为严重。

坚持绿色低碳，促进人与自然和谐共生，已成为我国基本国策。2020年中国政府宣布，中国将采取更有力的政策和举措，力争2030年前实现碳达峰，2060年前实现碳中和，这是我国生态文明建设和高质量发展的必然选择，也体现了我国对构建人类命运共同体的责任担当。科技将为这一宏伟目标的实现发挥关键作用。水稻低碳高产栽培技术的推广应用，将在提高水稻产量的同时，节约水肥资源，减少温室气体排放和氮磷环境流失，为粮食增产、农民增收和环境保护提供技术支撑，为碳达峰、碳中和做出应有的贡献，具有重要现实意义。

2010年以来，本团队开展了水稻低碳高产栽培技术攻关和集成研究，形成了以低投入、低污染、低排放、高产量（即"三低一高"）为特征的水稻低碳高产栽培技术，并初步示范应用。本书主要是针对该技术的推广应用需求而编写的，共分为三个部分。第一部分是概述，介绍水稻低碳高产栽培的概念、影响稻田温室气体排放的主要因素、水稻低碳高产栽培技术的主要内容和应用概况等；第二部分为操作规程，分为移栽稻和直播稻，从品种选用、施肥、水分管理、配套措施等方面，详细介绍水稻低碳高产栽培技术的操作要领；第三部分为典型应用案例，具体介绍该技术的示范应用方法及取得的初步成效。

在水稻低碳高产栽培技术的研究和示范应用过程中，先后得到广东省发改委低碳专项、广东省科技计划重点项目、国家863计划、公益性行业（农业）科研专项、国家重点研发计划、广州市科技计划、广东省现代农业产业技术体系水稻创新团队建设项目、世界银行贷款广东农业面源污染治理项目、国家外国专家局引进国外人才项目、国际水稻研究所（IRRI）"Closing Rice Yield Gaps in Asia（CORIGAP）"等项目（课题）的资助，以及有关农业技术推广部门的大力支持。国家发改委2017年将水稻低碳高产栽培技术列入《国家重点节能低碳技术推广目录》。初稿写成后，承蒙肖汉祥研究员审阅病虫害防治部分，田兴山研究员审阅草害防控部分。在此，一并表示衷心感谢！

由于著者水平所限，不足之处在所难免，敬请批评指正。

著 者

2021年7月于广州

3

目　录

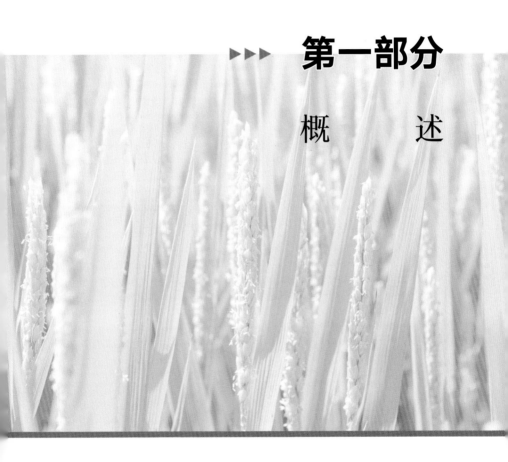

第一部分

概　　述

一、水稻低碳高产栽培的概念

CH_4和N_2O是仅次于CO_2的重要温室气体，在全球气候变化中起重要作用。稻田是温室气体CH_4和N_2O的重要排放源。据测算，我国稻田年排放CH_4 793万吨，相当于排放1.67亿吨CO_2；排放N_2O 11.7万吨，相当于排放0.36亿吨CO_2，两者合计，年排放温室气体约2.0亿吨CO_2当量。长期以来，我国水稻栽培以高产为主要目标，对于温室气体排放和环境污染等问题重视不够。低碳高产栽培是水稻产业由资源消耗型向资源节约、环境友好型转型升级的重要途径。

水稻低碳高产栽培就是通过肥、水等措施的优化集成，降低化肥、灌溉水、劳动力等物质和能量投入，在保持水稻高产的同时，减少稻田温室气体排放和化肥环境损失，提高经济效益，实现粮食增产、农民增收和环境保护相协调的一种水稻栽培方式。低碳品种、节水灌溉和优化施肥是低碳栽培的主要技术措施。其基本原理是：通过选用低碳品种，利用不同水稻品种的养分效率和温室气体排放差异，减少化肥投入和温室气体排放；通过节水灌溉，提高稻田土壤氧化还原电位，抑制稻田产甲烷菌活动，减少CH_4排放；通过优化施肥，减少稻田化肥（特别是氮肥）投入，从而减少N_2O排放。此外，化肥、农药等生产资料投入的减少，还间接减少了这些生产资料生产过程所产生的温室气体。

二、影响稻田温室气体排放的主要因素

已有研究表明，水稻品种、施肥和水分管理等栽培措施，以及稻作模式、耕作方式、秸秆利用等，都对稻田温室气体排放有显著影响。

1.品种

不同水稻品种的温室气体排放有明显差异，可相差5倍以上。广东省农业科学院水稻研究所从53个水稻品种中筛选出特籼占13、广恢998、IR36、富粤占、黄华占和粤新占2号等6个低碳品种，平均CH_4排放通量为1.28毫克/（米^2·小时），仅为其他供试品种[平均CH_4排放通量为3.36毫克/（米^2·小时）]的38%。这些品种稻谷平均亩[①]产484.0千克，与其他供试品种的平均亩产（462.8千克）相比，增产4.6%。可见，低碳和高产是可以协调的，在水稻生产上推广应用低碳品种，不一定会导致减产，甚至还可能增产。在筛选出的这些低碳水稻品种中，特籼占13曾在广东大面积推广应用，黄华占是目前南方稻区大面积推广应用的高产品种，广恢998是一个配合力强的杂交稻恢复系，其组配的多个杂交稻组合曾在我国南方稻区大面积应用。

2.施肥

研究表明，不同肥料类型、不同施肥方式影响CH_4排放。不过，关于施肥对稻田温室气体排放的影响，不同研究者的结果不

---

① 亩为非法定计量单位，1亩 = 1/15公顷。——编者注

尽一致，有待进一步深入探讨。有研究报道，增施氮肥可减少 CH_4 排放，但增加 N_2O 排放。与不施氮肥相比，施氮可使 CH_4 排放量降低 $12\% \sim 65\%$。但也有增施氮肥增加 CH_4 排放的报道。由于有机肥料或秸秆还田较施用化肥增加了有机质供应，为产甲烷菌提供了更多的基质，且有机质分解在稻田淹水条件下降低了土壤氧化还原电位，因而施用有机肥或秸秆还田一般会增加稻田 CH_4 排放。

3. 水分管理

水分管理影响稻田氧气供应和土壤的氧化还原电位，进而影响甲烷氧化菌的种群数量和活性以及产甲烷菌的数量，是影响稻田 CH_4 排放的重要因素。适当减少水分供应，可减少稻田 CH_4 排放，但会增加 N_2O 排放。有研究表明，间歇灌溉的 CH_4 排放量比长期淹灌减少 46.23%。稻田 N_2O 主要是通过硝化、反硝化过程产生的，排水晒田使土壤由还原环境向氧化环境转变，促进 N_2O 释放。控制灌溉比淹水灌溉 CH_4 排放减少 $73.2\% \sim 85\%$，但 N_2O 排放增加 10.6%。对不同灌溉方式下的 CH_4 排放进行整合分析表明，与淹水灌溉相比，前期淹水—中期晒田—淹水、前期淹水—中期晒田—淹水—湿润灌溉和间歇灌溉或完全湿润，分别降低稻田 CH_4 排放 45%、59% 和 83%，但分别提高 N_2O 排放 12%、140% 和 478%。抽穗期排水可减少 CH_4 排放，而 N_2O 排放与排水天数相关。中期晒田和多次晒田分别减少 CH_4 排放 27% 和 35%。水稻生长期 CH_4 排放与土壤氧化还原电位（Eh 值）呈显著负相关，而 N_2O 排放与土壤 Eh 值无显著相关性。

三、水稻低碳高产栽培技术的主要内容和应用概况

水稻低碳高产栽培技术是以低投入、低排放、低污染、高产量（即"三低一高"）为主要内容的高产高效栽培及配套技术。低投入是指肥、水、药、劳动力等物质、能量和成本投入低，低排放是指稻田温室气体（主要是CH_4和N_2O）排放少，低污染是指稻田氮磷等养分的环境损失少，环境污染少。通过节本、增产、减排，达到经济效益和生态效益的协调统一。

2015年以来，水稻低碳高产栽培技术已在广东惠州、肇庆、云浮、湛江等地和新疆喀什地区示范应用，取得了显著的节肥、节水、增产、减排、控污效果。与习惯栽培相比，该技术一般少施氮肥20%左右，减少灌溉2～3次，节约灌溉用水20%以上，增产10%左右，稻田温室气体减排30%以上，氮磷流失减少40%，每亩增收200元左右。

四、水稻低碳高产栽培技术的应用前景

水稻是我国最重要的粮食作物，常年种植面积4.5亿亩，占世界的20%，其温室气体排放问题日益受到关注。随着人口增长和人民生活水平的提高，对粮食的需求越来越大，资源和环境压力也越来越大，人们的环保意识也越来越强。发展低碳农业，是破解人口、资源和环境矛盾的根本途径，也是现代农业发展的必然

趋势。随着工业减排和农业中畜牧业减排的逐步解决，水稻生产中的温室气体减排问题已成为新的关注焦点。在地广人稀的西方发达国家，往往以牺牲产量为代价来实现减排，保护环境。我国人多地少，提高单产是保证粮食安全的唯一选择，不可能走牺牲单产的路子，而必须协调好低碳与高产的关系。水稻低碳高产栽培技术的推广应用，将在提高水稻产量、保障国家粮食安全的同时，大幅消减稻田氮磷养分流失，减少稻田温室气体排放，为减轻稻田面源污染、助力碳达峰和碳中和做出应有的贡献，具有广阔的应用前景。作为典型的社会公益性技术，水稻低碳高产栽培技术的推广应用需要政府的推动和社会各界的大力支持。

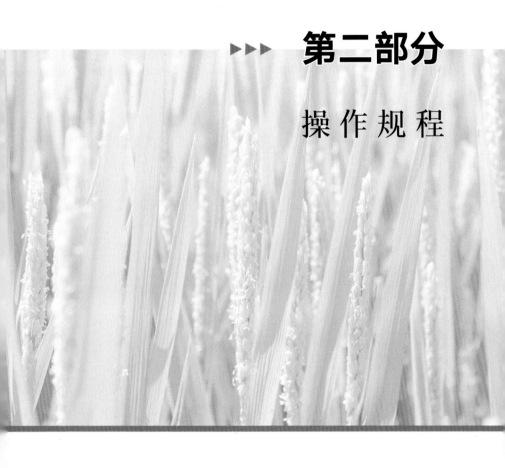

第二部分

操作规程

为了方便理解和操作，我们以珠江三角洲双季稻为例，详细介绍水稻低碳高产栽培技术的操作要领。各地可根据当地品种、土壤和气候条件等实际情况，编写个性化的技术规程。

一、移栽稻低碳高产栽培技术操作规程

（一）品种选择

水稻低碳高产栽培技术对水稻品种没有特殊要求，杂交稻、常规稻、超级稻、优质稻均可。但是，水肥效率高、碳排放少的品种减排控污效果更好，应优先选用。目前已筛选出一些高产低碳水稻品种，如黄华占、富粤占、特籼占13等。绿色超级稻品种具有少施化肥、少打农药、节水抗旱、优质高产等特征，是低碳高产品种的重要类型。目前已认定的绿色超级稻品种有黄丝莉占、晶两优华占、隆两优华占、吉优225、聚两优751、丰田优553、盛泰优722等。

（二）培育壮秧

1.常用育秧方式

（1）湿润育秧。又称为半旱式育秧。旱整地、旱作秧床、水整平，苗床上平下松，通透性好。秧苗扎根立苗前秧田保持湿润通气，扎根立苗后间歇灌溉，以湿润为主。湿润育秧协调了秧田水气矛盾，有利于根系生长、培育壮秧，现为常用育秧方式。

（2）塑料薄膜保温育秧。在湿润育秧的基础上，播种后加盖塑料薄膜保温，达到提早播种，防止烂芽、烂秧的目的，其他与湿润育秧相同。目前早稻常用。

（3）旱育秧。在整个育秧过程中，只保持土壤湿润，不建立水层。将水稻种子播在肥沃松软的旱地苗床上，适量浇水，培育壮秧。早稻播种后盖膜保温。

（4）塑料软盘育秧。在旱育秧床或水育秧床上摆放塑料软盘，通过分穴点播或种土混播进行育秧。此法可节省秧田，管理方便，秧苗素质较好。育出的秧既可手插秧，也可抛秧。

2.播种期的确定

水稻播种期要根据各地气候条件、耕作制度、品种特性、病虫害发生和劳动力安排等情况慎重确定。早稻要在保证安全出苗和正常生长的前提下，尽量提早播种，延长营养生长期，充分利用光温资源，提高产量。露地育秧的最早播种期为常年平均气温稳定通过12℃的初日。如果是薄膜保温育秧，还可提早7～10天。广州地区早稻在2月底至3月上旬播种，南部早些，北部迟些。要根据天气预报，抓住冷尾暖头，抢晴播种。晚稻的播种期根据品种生育期和安全齐穗期决定，保证水稻齐穗前的日平均温度达到23℃以上。除了要考虑温度等条件外，播种期的确定还要考虑茬口的衔接问题，实现全年高产。

3.播前准备和浸种催芽

（1）用种量的确定。采用抛秧和手插秧的，千粒重为20克的常规稻品种用种量为2.0～2.5千克/亩，杂交稻为1.0～1.25千克/亩。若千粒重高于或低于20克，其用种量相应增加或减少。采用机插秧的，要适当增加用种量。晚稻比早稻适当增加用种量。

（2）晒种和种子精选。将种子摊晒1～2天，中间不时翻动，提高种子发芽率。然后采用盐水或清水选种，把浮于水面上的不饱满种子捞出弃去。盐水选种后要用清水洗净。杂交稻种子一般直接用清水选种。

（3）浸种和种子消毒。一般将种子消毒与浸种结合进行，早稻浸种2天，晚稻浸种1天。种子消毒可用石灰水、强氯精、咪鲜胺等。如用石灰水浸种，水面应高出种子20厘米，浸种过程中不要搅动；如用强氯精浸种，先用清水浸12小时，然后用强氯精300倍液浸12小时，清水洗净，再用清水浸种至吸足水。

（4）种子催芽。分为三个阶段。一是高温破胸。吸足水的种子用50～60℃的温水浸3～5分钟后取出，保持38～40℃的温度，使种子在38℃的高温下破胸，种子在较高温度下发芽快而整齐。二是适温催芽。种子破胸后，呼吸作用迅速增强，产生大量热能，谷堆温度会迅速上升。若温度超过30℃，要及时翻堆，淋水降温。种堆要摊薄，使种子在25～30℃的适温下发芽。淋水温度开始不宜太低，逐渐降低到25℃左右。若不慎出现"烧包"，谷堆有酒精味，应立即散堆摊晾，并用清水洗净种子，重新上堆升温催芽。三是摊晾炼芽。当芽谷的根达到一粒谷长、芽达到半粒谷长时，催芽完毕。催好芽的种子不要马上播种，要先在室内摊开炼芽半天到一天，然后播种。如果遇到不良天气，可延长炼芽时间。此时要注意喷水保湿，防止干芽。

4.湿润育秧和薄膜保温育秧

（1）秧田选择和整地。按照秧田与本田比例1：10留足秧田。选择避风向阳、排灌方便、土壤肥力较高、杂草少、前茬病虫害少的田块作秧田。旱整地、旱作畦、水耙平，使苗床上平下松，通透性好。

（2）播种。播种时秧板畦面宁干勿涝。播种前将沟中淤泥捧上畦面，糊平，然后播种。提倡带秤下田，按厢定量，均匀落谷。播种后轻踏，有条件的可在畦面上撒一层草木灰或火土灰。

（3）秧田水分管理。播种后至1叶1心期保持沟里有水，水不上秧板。1叶1心期后秧板才上水。第2～3叶期，采取湿润与浅灌相结合。3叶期后保持浅水层，但不能淹没心叶。

（4）秧田施肥。每亩秧田施腐熟农家肥1 000千克，三元复合肥（含N、P_2O_5和K_2O各15%）20～30千克作基肥。在1叶1心到2叶1心期，每亩施尿素3千克、氯化钾3千克作断奶肥。移栽前3～4天每亩施尿素5～7千克作送嫁肥。

（5）秧田薄膜管理和揭膜。从播种到1叶1心期，要求薄膜密封保温，促进芽谷扎根立苗，但膜内温度不能超过35℃。若超过35℃，要揭开两头通风，当温度降到30℃时再密封保温。从1叶1心到2叶1心期，要适温保苗。要求膜内温度为25～30℃。此期可逐步增加通风时间，由揭开两头到揭开一边，再到日揭夜盖，最后全揭开，使秧苗逐渐适应膜外环境。注意先灌水后揭膜，揭膜时厢面保持浅水层，防止青枯死苗。从2叶1心到3叶期，秧苗经过4～5天炼苗后，苗高达到10厘米左右，气温稳定在13℃以上时，便可灌水揭膜。揭膜后按湿润秧田管理。

5. 塑料软盘育秧

主要用于抛秧栽培，有两种秧盘，一种是用于3.5～4.5叶中、小苗移栽的，宜选用每盘561孔的秧盘；另一种是用于5～6.5叶大苗移栽的，宜选用每盘434孔的秧盘。一般每亩用561孔秧盘

40～45个或434孔秧盘50～55个，晚稻比早稻适当增加秧盘数。

（1）配制营养土。用疏松的旱地土壤或菜园地土壤，经破碎过筛，每100千克土加入充分腐熟过筛的有机肥20千克、硫酸铵300克、碾碎的过磷酸钙300克、硫酸钾200克，充分混匀。如果土壤较干，在混拌时喷洒适量的清水，使营养土含水量达到"手握成团、落地散开"的程度。对营养土要进行消毒，每100千克营养土，用敌磺钠10克兑水8千克均匀喷洒。营养土要趁晴天配制好，堆闷2天后即可使用。

（2）摆盘播种。摆秧盘前首先要浇足苗床水，使土壤表层水分达到饱和，直到有水溢出，确保播种后、出苗前不用浇水。第二步是装土摆盘，将秧盘孔穴内装2/3左右营养土，摆到苗床上，盘与盘之间紧密相连，不留空隙，并用木板将秧盘压入床面泥中0.5～1厘米。注意不要让秧盘悬空。秧盘摆好后，四周用土封严。然后在秧盘上喷水浇透营养土。如果营养土未消毒，每盘先用0.3克70%敌磺钠配制成1 000倍药液喷洒消毒，再喷清水浇透。最后撒种覆土，按每块秧床摆放秧盘的数目计算每块秧床播种量，分次将种子撒入秧盘孔穴内，然后覆盖营养土，使土与盘面相平。盖土后将盘面泥土和种子清理干净。早稻插架盖膜。

（3）秧田管理。

①水分管理。出苗前保持盘土湿润，一般覆盖薄膜的，出苗前不浇水、不揭膜，只有当水分不足影响出苗时才揭膜浇水。以后看土壤水分情况浇水，也可采取沟灌，但水不要上秧板，让水慢慢地渗透到秧盘，灌后及时排干沟水。抛秧前2～3天浇一次水，切忌临抛秧前浇水。

②秧田施肥。采用营养土育秧的，一般不用施肥。后期如有脱肥现象，每盘可用4克尿素兑水500克喷浇，喷肥后要随即喷清

水冲洗叶片。秧龄长的应在抛秧前2～3天施送嫁肥，每盘用尿素5克兑水500克喷施，施后用清水冲洗秧苗。

6.机插育秧

（1）秧田和秧盘准备。秧盘用硬、软塑料盘均可，其中软塑料盘较为简便、实用。按照秧田∶大田＝1∶（80～100）的比例准备秧田。一般早稻在播种前3～4天，晚稻在播种前1～2天整秧地。秧板畦面宽度130厘米，畦高15～20厘米，秧沟宽度70～90厘米（即2.0～2.2米包沟），板面平整、耥平，晒硬秧板，沟底保持4～6厘米浅水层。在摆盘前，每亩秧田用复合肥10～15千克均匀撒施于畦面上，与畦面糊泥混匀。

（2）摆盘播种。浸种催芽按常规进行。按育秧盘的长度，每块秧板横排2行育秧盘，依次平铺，盘边相叠，将糊泥装入秧盘，刮平，待泥浆沉实半天至1天后播种。按播量推算每盘种子量，均匀播种。播种后，用软扫把或细叶软树枝，垂直轻拍芽谷，浅埋谷芽。早稻播种后盖膜保温，晚稻盖遮阳网防晒、防雨。

（3）秧田管理。播种后至秧苗1.5叶期，早稻秧田排清沟底水；晚稻高温强日照天气，秧田保持半沟水。秧苗1.5～2叶期，要结合天气揭膜（网）炼苗。炼苗时秧沟要有盘底水，防止秧苗出现生理性失水。炼苗至移栽前4天，保持盘土湿润。高温天气如遇秧苗卷叶，要洒水补湿。早稻1叶1心期，每亩秧田用敌磺钠1 000～1 500倍液喷洒防立枯病。若有烂种、烂秧情况，应选择晴天下午4时后回灌盘底水，用2%春雷霉素水剂500倍液均匀喷雾防治。移栽前2～4天，视秧苗叶色施送嫁肥，保持苗色青绿，叶片挺健清秀。

（三）合理密植

1.适龄移栽

根据育秧方式不同，可采用人工插秧、抛秧、机插或铲秧栽插等方式。湿润育秧和抛秧的，早稻秧龄一般25～30天，晚稻秧龄15～20天。机插秧的适宜移栽叶龄为3.5～4叶，早稻15～20天，晚稻12～15天。做到适龄移栽，防止超秧龄。

2.合理密植，插足基本苗

早稻栽插规格为30厘米×（12～14）厘米或20厘米×20厘米，或抛秧50盘（434孔秧盘）或40盘（561孔秧盘），每亩栽插或抛植1.6万～2万穴，杂交稻每穴1～2粒谷苗，每亩基本苗数达到3万条以上，常规稻每穴3～4粒谷苗，每亩基本苗数达到6万条以上。晚稻栽插规格为25厘米×13厘米或20厘米×17厘米或30厘米×12厘米，或抛秧55盘（434孔秧盘）或45盘（561孔秧盘），每亩栽插或抛植1.8万～2.2万穴，杂交稻每穴1～2粒谷苗，每亩基本苗数达到3.3万条以上，常规稻每穴3～4粒谷苗，每亩基本苗数达到7万条以上。多穗型品种，常规稻品种，耐肥抗倒、分蘖力弱、株型紧凑的品种，以及土壤肥力较低的田块，应适当加大种植密度，反之则应适当降低种植密度。最好采用宽行窄株插植方式，增加群体通风透光性，减少病虫害和倒伏风险。

（四）大田施肥

大田施肥以水稻"三控"施肥技术为基础，根据具体情况适当调整。对于氮磷高效的水稻品种，可适当减少氮肥和磷肥用量。

1.确定目标产量

目标产量是指当季要达到的稻谷产量，要本着积极稳妥的原则，在综合考虑品种产量潜力、当地气候条件、土壤肥力和栽培管理水平的基础上确定。具体有两种确定方法：①根据产量潜力确定。产量潜力可采用该品种或近似品种在当地取得的最高产量（产量纪录），目标产量一般设定为产量潜力的80%～90%。②根据前三年平均产量确定。一般在前三年平均产量基础上增加10%左右或增加25～50千克/亩。

2.确定总施肥量

（1）在具备地力产量数据时，根据地力产量和目标产量确定。在地力产量的基础上，稻谷产量每提高100千克，需增施纯氮5千克、五氧化二磷2～3千克、氧化钾4～5千克。即：

总施氮量（千克/亩）＝［目标产量（千克/亩）－无氮区地力产量（千克/亩）］÷100×5

总施磷量（千克/亩）＝［目标产量（千克/亩）－无磷区地力产量（千克/亩）］÷100×（2～3）

总施钾量（千克/亩）＝［目标产量（千克/亩）－无钾区地力产量（千克/亩）］÷100×（4～5）

地力产量，又称为空白区产量，是指在不施用某一营养元素肥料且其他营养元素肥料正常施用的情况下，水稻依靠土壤、灌溉水等提供的养分而获得的稻谷产量，可通过田间缺素区试验测得。一般中等肥力田块的地力产量为250～300千克/亩。

（2）在缺乏地力产量资料时总施肥量的确定。首先根据目标产量和氮肥偏生产力确定总施氮量：

$$总施氮量（千克/亩）＝稻谷产量（千克/亩）÷$$
$$氮肥偏生产力$$

氮肥偏生产力是指每施用1千克氮肥（以纯氮计）所生产的稻谷质量，一般取45～50千克。

在总施氮量确定后，按$N：P_2O_5：K_2O＝1：（0.2～0.4）：（0.8～1.0）$的比例，确定磷、钾肥施用量。即：

$$总施磷量（千克/亩）＝总施氮量（千克/亩）$$
$$×（0.2～0.4）$$
$$总施钾量（千克/亩）＝总施氮量（千克/亩）$$
$$×（0.8～1.0）$$

在中等地力水平（每亩地力产量为250～300千克）、每亩目标产量为500千克左右情况下，每亩施用纯氮10千克左右、五氧化二磷2～3千克、氧化钾8～10千克。

（3）有机肥养分和前作肥料残效的扣除。农家肥、绿肥和秸秆等有机肥，根据其施用量和养分含量，计入总施肥量中，在确定化肥施用量时予以扣除。在双季稻区，冬季种植蔬菜或马铃薯等冬作的，其氮、磷、钾肥对早稻的残效分别按冬作施肥量的20%计，在早稻总施肥量中予以扣除。早稻稻草还田的，其晚稻的钾肥用量减少50%。

3.确定不同时期施肥量及比例

在总施氮量确定后，按照基肥占40%～50%、分蘖肥占20%左右、穗肥占20%～30%、粒肥占5%～10%的比例，确定移栽稻各阶段的施氮量。具体施用量可在追肥前根据叶色和群体大小适当调整，叶色深、群体大的适当少施，叶色浅、群体小的则适当多施。分蘖力强的品种，其基肥施用量要适当减少，否则要适当增加。磷肥全部作基肥施用。钾肥的50%作基肥或分蘖肥施用，剩余的50%作穗肥施用。

（1）基肥。在移栽前施用，施后与表土混匀。基肥中的氮肥施用量占总施氮量的40%～50%。土壤肥力高的适当减少，土壤肥力低的适当增加；分蘖力强的品种适当减少，分蘖力弱的品种适当增加。磷肥全部作基肥施用，钾肥的50%作基肥施用。在中等地力水平、每亩目标产量为500千克左右的情况下，每亩基肥施用量为纯氮4～5千克、五氧化二磷2～3千克、氧化钾4～5千克。

（2）分蘖肥。在分蘖中期施用，早稻在移栽后15～17天，晚稻在移栽后12～15天。施用速效氮肥，施氮量占总施氮量的20%左右，并根据叶色和群体大小适当调整。叶色偏淡、群体偏小的氮肥用量多些；叶色偏深、群体偏大的氮肥用量少些。在中等地力水平、每亩目标产量为500千克左右的情况下，每亩施用纯氮2千克左右作分蘖肥。在移栽后20天内开始幼穗分化的早熟品种，可将分蘖肥并入基肥中施用。

（3）穗肥。在水稻幼穗分化Ⅱ期（第一次枝梗原基分化期）施用，早稻在移栽后35～40天，晚稻在移栽后30～35天。此时叶龄余数为2.5左右，距抽穗约27天。氮肥施用量占总施氮量的20%～30%，并根据叶色和群体大小适当调整。叶色偏淡、群体偏小的氮肥用量多些；叶色偏深、群体偏大的氮肥用量少些，并推迟施用时间。穗肥中的钾肥用量占总施钾量的50%，与氮肥同时施用。在中等地力水平、每亩目标产量为500千克左右的情况下，每亩穗肥施用量为纯氮2～3千克、氧化钾4～5千克。

（4）粒肥。在破口抽穗期，若叶色偏淡而且天气好，要施用速效氮肥，施用量占总施氮量的5%～10%。一般每亩施尿素2～3千克，或者结合打破口药，每亩用磷酸二氢钾200克加尿素

0.5 ～ 1千克兑水叶面喷施。叶色偏深或天气不好时，粒肥中不施氮肥。早稻的粒肥一般不施氮肥。

（五）水分管理

采用干湿交替灌溉和中期晒田相结合的水分管理方案，既保证水稻生长发育的水分需求，又节约灌溉水资源，促进根系下扎，同时减少温室气体排放和稻田养分环境损失。

1.水位管的制作

采用无底水位管监测地下水埋深，作为衡量田间水分状况的指标。水位管采用内径20厘米左右的PVC管制作，管长20 ～ 25厘米，分为地上和地下两部分，两部分之间画一刻度线作为分界线（图1A）。地下部分为15厘米，在管壁上每隔2厘米打1个孔径为0.5厘米的小孔，用于记录地下水位（地下水埋深）；地上部分为5 ～ 10厘米，画上刻度或安装标尺，便于记录地上部分田间水位。在生产上，也可用竹子等材料制作水位管。

图1 水位管的结构与田间水位监测
A.水位管的结构 B.水位管的安装和水位监测

2. 水位管的安装

水稻移栽后，在田间代表性位置安装水位管。将水位管垂直压入土中，使水位管上下部分界线与地面齐平，掏空管内泥土（图1B）。注意避开田间特别高和特别低的地方，水位管离田埂至少1米以上。

3. 田埂整修

在水稻移栽前后，对田埂进行整修。够苗晒田前排水口高度5厘米，中期晒田期间排水口打开。田埂漏水严重的，可用塑料薄膜包埋。

4. 不同生育阶段田间水分管理及指标

（1）移栽后10天内。保持浅水层。浅水移栽，返青后施用除草剂，维持浅水层2～5厘米，使秧苗快速返青，同时抑制杂草。

（2）移栽后10天至够苗晒田前。干湿交替灌溉。移栽后10天内在田间安装水位管，建立2～5厘米水层。此后实行干湿交替灌溉，即每隔2～3天（根据土壤类型不同，时间间隔可适当调整）观测一次田间水位，当水位自然落至地下15厘米时，灌水建立2～5厘米水层，如此循环。

（3）够苗期至倒二叶抽出期。中期晒田。当田间茎蘖数达到目标有效穗数的80%左右时，排水晒田，至倒二叶抽出期重新上水，建立2～5厘米水层。

（4）倒二叶抽出期至见穗。干湿交替灌溉。

（5）见穗至成熟期。为防止水分亏缺对水稻结实的影响，在见穗期（抽穗1%）建立2～5厘米水层，维持7天田面有水。此后实行干湿交替灌溉。收割前7～10天排水落干。

低碳高产栽培与习惯栽培的田间水位变化对比见图2。

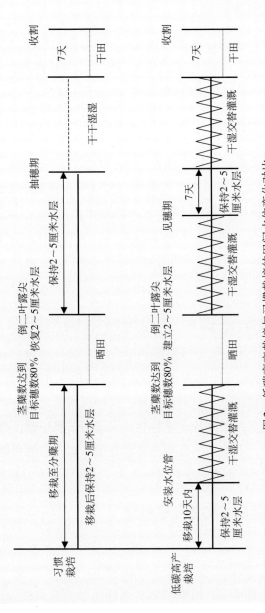

图2 低碳高产栽培与习惯栽培的田间水位变化对比

（六）病虫害防治

加强预测预报，以农业防治为主、药物防治为辅。在移栽返青后施用除草剂，并保持田间浅水，控制杂草。水稻生长期间，根据预测预报，及时防治病虫害。

（七）注意事项

（1）采用低碳高产栽培技术，一定要保证用种量和栽插密度，以确保高产所需有效穗数。若栽插密度或基本苗数达不到要求，应在移栽返青后尽早增施尿素3～5千克/亩。

（2）在水稻孕穗期，若遇低温天气，要暂停干湿交替灌溉，立即灌深水保温，防止因冷害导致结实率下降。

二、直播稻低碳高产栽培技术操作规程

直播稻具有省工节本等优势，有旱直播和水（湿）直播两种。旱直播是在旱田状态下整地和播种，播种后再灌水出苗；水直播是在有水层的条件下进行土壤耕整，或者先干耕干整、再灌水整平，随后播种。不论是旱直播还是水直播，都有条播和撒播（包括人工撒播、无人机撒播等）两种方式。水直播还有穴播方式。

（一）品种选择和播种量确定

1.品种选择

选用生育期适宜、植株较矮、茎秆粗壮、抗倒性强的品种。

直播稻没有秧田期,大田有效生长期有所缩短。双季晚稻要注意选择生育期适宜的品种,以保证安全齐穗。与移栽稻一样,应优先选用肥料利用率高、温室气体排放少的品种。

2.确定用种量

对于千粒重20克的水直播稻品种,亩用种2千克左右。若千粒重高于20克,其用种量按比例相应增加,反之则相应减少。旱直播稻的用种量要适当加大,一般亩用种2.5～3千克。整地质量差,播种出苗期天气不佳,鼠害、鸟害、福寿螺等危害较严重的,要适当增加用种量,但用种量也不宜过大。用种量过大,导致群体过大,倒伏和病虫害加重,是目前直播稻栽培的主要问题之一。

(二)整地要求

1.翻耕整地

水直播田在播种前3～4天进行。翻耕整地时间不要太早,确保在翻耕之后3～4天内播种,以增加土壤氧气供应。最好采用干耕干整,翻耕后田面保留直径5～10厘米的土块,不要整得太细碎。然后放水整平,高差尽量控制在3厘米以内(图3A)。结合整地施用基肥,防治福寿螺。旱直播的整地时间弹性较大,可适当提早进行。冬闲田在上年晚稻收割后尽早犁冬晒垡,冬种田在冬作收获后尽早整地,干耕干整(图3B)。

图3 直播稻整地和播种

A.水直播稻整地 B．旱直播稻整地 C．精量穴直播 D.无人机撒播

2.开沟作畦

不论是旱直播还是水直播，整地后都要开沟作畦，畦面宽3～5米，沟宽25～30厘米，沟深15～20厘米。畦面保持适度粗糙，减少种子漂移。

（三）种子处理和播种

1.播种适期

直播早稻在旬平均气温稳定达到12～14℃时播种，不要过早播种，以免低温烂芽死苗。晚稻则要避免过迟播种，以确保安全齐穗。广州地区早稻在3月中旬播种，晚稻在7月20～25日前播种。播种前注意天气预报，避免在播种后2～3天内遭遇大雨。

2.浸种催芽和种子处理

播种前晒种1～2天，精选种子。旱直播稻采用干谷播种，播种前可用药剂拌种。水直播稻在播种前2～3天清水选种，浸种催芽，种子露白后沥干即可播种。可用强氯精、咪鲜胺、多菌灵、吡虫啉、1%石灰水等进行种子处理，预防恶苗病、稻瘟病、白叶枯病、稻曲病、南方水稻黑条矮缩病等病害。鸟害严重的地方，采用驱鸟剂拌种等方法防鸟害。

3.精量播种

水直播稻播种时田面保持"泥皮水"状态，畦面软硬适中。人工撒播的，按畦定量播种。采用精量穴直播机播种的，可按行距25～30厘米、株距12～16厘米播种，每亩1.8万穴左右，每穴播种5～7粒（图3C）。采用无人机撒播或条播的，播种前将田块信息录入无人机，设置好各项参数后，让无人机自主飞行播种（图3D）。旱直播稻在播种的同时覆土盖种，或播种完成后旋耕覆土盖种，以减轻鼠害和鸟害。覆土要浅，控制在1～2厘米，只要盖住种子即可。

（四）施肥

总施肥量的确定方法与移栽稻相同。播种量大、出苗多的，以及倒伏风险较大的，应适当减少氮肥用量。

1.不同时期施肥量及比例

氮肥按照基肥占30%、分蘖肥占30%、穗肥占40%的比例，确定各阶段的施氮量。磷肥全部作基肥施用。钾肥的50%作基肥施用，另50%作穗肥施用。

2.基肥

氮肥的30%左右、钾肥的50%和全部磷肥作基肥，结合整地施入。在中等肥力田块、亩产500千克左右时，亩施尿素6～8千克、过磷酸钙25千克（早稻）或15千克（晚稻）、氯化钾5～7.5千克。

3.分蘖肥

在3叶期施用，一般早稻在播种后15～18天，晚稻在播种后10～12天。氮肥占总施氮量的30%，并根据叶色和出苗情况调整。叶色偏淡、出苗偏少的氮肥用量多些；叶色偏深、出苗多的氮肥用量少些。在中等地力水平、每亩目标产量为500千克左右的情况下，每亩施用尿素6～8千克。若劳动力允许，可在3叶期前后进行移密补稀。当空地面积大于1 000厘米²（1尺①见方）时，匀栽1～2株秧苗。

4.穗肥

在水稻幼穗分化Ⅱ期，早稻播种后60～65天，晚稻播种后55天左右施用，占总施氮量的40%左右和总施钾量的50%。在中等地力水平、每亩目标产量为500千克左右的情况下，一般亩施尿素8～10千克（茎蘖数多、叶色深少施，反之多施），氯化钾5～7.5千克。

5.粒肥

在始穗期，若叶色偏淡而且天气好，每亩用磷酸二氢钾200克加尿素0.5～1千克兑水叶面喷施。叶色偏深或天气不好不施，早稻一般不施。

（五）水分管理

1.播种至3叶期

对于旱直播稻，播种后灌一次透水，畦面水深不超过0.5厘米，让其自然落干，使出苗快速整齐。出苗后保持田面湿润而不积水（图4A）。对于水直播稻，播种前田面保持"泥皮水"状态，保证田面湿润出苗，出苗后晒田立苗。晚稻水直播田在播种后要全田检查，将畦面积水排出，以免因种子被烫死而缺

---

① 尺为非法定计量单位，1尺≈33.33厘米。——编者注

苗。不论是旱直播还是水直播，3叶期前不要轻易灌水，保持仅沟里有水，畦面土壤湿润直至出现细裂缝。若土壤太干可灌跑马水湿润。

2.3叶期至够苗晒田

3叶期建立2～5厘米浅水层（图4B），在田间安装水位管，此后实行干湿交替灌溉。具体做法：建立水层后，每隔3天左右（根据土壤类型不同，时间间隔可适当调整）观测一次田间水位，待水位自然落至地下15厘米时，再灌水建立2～5厘米水层，如此循环。

3.够苗至倒二叶抽出

中期晒田。当全田茎蘖数达到目标有效穗数的80%时（早稻播种后40～45天，晚稻播种后30天左右），排水晒田。要重晒，晒到田边见裂缝、田中间脚踩有脚印但不陷泥、叶色明显落黄为度（图4C）。若久晴无雨田面太干，可灌跑马水。

4.倒二叶抽出至见穗

倒二叶抽出时上水，重新建立2～5厘米水层，此后实行干湿交替灌溉，直到抽穗。

5.见穗至成熟期

见穗期（抽穗1%）建立2～5厘米水层，维持7天田面有水。此后实行干湿交替灌溉，至收割前7～10天排水落干（图4D）。

图4　直播稻田间管理

A.旱直播稻出苗期　B.3叶期建立水层　C．中期晒田　D.结实期

（六）病虫草鼠害防治

1.草害防治

（1）播种前灭草。早稻直播田在播前15天左右灌浅水诱发杂草萌发。在翻耕整地前5～7天，对于杂草多特别是恶性杂草多的田块，先用草铵膦等灭生性除草剂灭草，然后再翻耕。

（2）立苗前封草。播种后3天内，采用杀草谱广、对水稻安全的土壤处理除草剂，如丙草胺、丁草胺等，进行土壤封闭处理，以杀除莎草、稗草等杂草。

（3）苗期除草。在2～3叶期，选用茎叶除草剂，如快杀稗、禾草敌、苄嘧磺隆等，杀除稻田中的杂草，喷药后1～2天建立水层。够苗晒田前，若田间杂草较多，可采用五氟磺草胺等除草剂防治。

2.鼠害和鸟害防治

直播稻（特别是水直播）种子裸露在稻田表面，易遭受鼠害和鸟害，可采用驱鼠剂、驱鸟剂拌种驱避。对于鼠害，还可使用鼠夹、粘鼠板、鼠笼、驱鼠器、电子灭鼠器等进行物理防治，或用毒饵进行毒杀。对于鼠害、鸟害严重的地方，要适当加大播种量。

3.福寿螺防治

在翻耕整地时，亩施茶籽饼7.5～10千克或50%杀螺胺乙醇胺盐可湿性粉剂80克，防治福寿螺。在水稻2～3叶期第一次建立水层前，先灌少量水，使沟里有少量水，畦面无水，诱使福寿螺集中于沟中，施用杀螺药集中杀灭。

4.病虫害防治

直播稻病虫害防治与移栽稻相似。要特别注意纹枯病、稻飞虱的防治，降低倒伏风险。晒田结束时，喷施井冈霉素、噻呋酰胺等防治纹枯病。破口抽穗期，施药防治稻瘟病、纹枯病、稻曲病、稻纵卷叶螟等，后期注意防治稻飞虱。

（七）注意事项

①目前直播稻用种量普遍过高，这是造成直播稻群体过大、倒伏风险大的重要原因。因此，要在提高整地质量，做好鼠害、鸟害和福寿螺防治工作的基础上，严格控制好播种量。

②整地质量，对直播稻出苗影响极大。对于水直播稻，要严格控制高差在3厘米以下。开沟作畦可有效减轻因田面不平造成的全苗难问题。不论是旱直播还是水直播，整地都不要过于细碎，应保留田面适度粗糙，以减少降雨造成的种子漂移。

③旱直播稻要在春季雨水来临前提前整地，开沟作畦。播种后盖土要浅，既防止鸟害、鼠害和雨水冲刷，又防止出苗不整齐。土壤板结而难以耙碎的黏土田，不宜采用旱直播。

▶▶▶ 第三部分

水稻低碳高产栽培技术
典型应用案例

一、水稻低碳高产栽培技术的产量表现和减排控污效果

2016—2017年早季和晚季，在广东省农业科学院大丰试验基地（北纬23° 0.8′ E、东经113° 20′，海拔41.0米）进行了田间对比试验。试验田位于广州市天河区，属南亚热带季风湿润气候，土壤主要理化性状为：pH 6.0，全氮含量1.62克/千克，碱解氮含量82.6毫克/千克，有效磷含量40.4毫克/千克，速效钾含量58.7毫克/千克，有机质含量41.4克/千克。供试品种为天优3618，栽插株行距为20厘米×20厘米，每穴2粒谷苗。

采用随机区组试验设计，设置3个处理，重复3次。处理设置如下：

1.习惯栽培

为当地传统栽培方法。氮肥用尿素，施用量为早稻12千克/亩，晚稻13.3千克/亩。按照基肥40%、返青肥20%、分蘖肥30%和长粗肥10%的比例分配。基肥在移栽前施入，返青肥于插秧后3～5天施入，分蘖肥于插秧后8～10天施入，长粗肥于插秧后20天左右施入。磷肥和钾肥在早、晚稻的施用量相同。磷肥用过磷酸钙（含12% P_2O_5），全部作基肥，施用量为25千克/亩。钾肥用氯化钾（含60% K_2O），全部作基肥，施用量为15千克/亩。浅水移栽，维持2～5厘米水层分蘖，当全田茎蘖数达到目标穗数80%时排水晒田，倒二叶抽出时上水，重新建立水层，并维持2～5厘米水层至抽穗。抽穗后浅水灌溉，收割前7天断水。

2."三控"施肥

按水稻"三控"施肥技术规程进行。氮肥用尿素，施用量为早稻10千克/亩，晚稻12千克/亩，按照基肥40%、分蘖肥20%、穗肥30%和粒肥10%的比例分配。磷肥和钾肥的施用与习惯栽培相同。水分管理与习惯栽培相同。

3.低碳高产栽培

氮、磷、钾肥料的施用与水稻"三控"施肥技术一致。水分管理采用干湿交替灌溉。浅水移栽，移栽后10天内维持2～5厘米水层。移栽第10天在田间安装水位管以便观察水位，当水位自然落干至地下15厘米时，再灌水建立2～5厘米水层，如此循环。当田间茎蘖数达到目标有效穗数80%时，打开田基开始晒田；倒二叶露尖时，封闭田基缺口，建立2～5厘米水层，此后按干湿交替灌溉。见穗期建立2～5厘米水层，维持7天田面有水，此后仍按干湿交替灌溉，收割前7天断水。

2年4季的对比试验结果表明，与习惯栽培相比，水稻低碳高产栽培技术能明显提高稻谷产量和水分生产力，减少灌溉用水量、总温室效应（CH_4和N_2O排放）和氮素环境流失（包括氨挥发、径流和渗漏），不同年份和季节表现一致（表1）。水稻低碳高产栽培技术的稻谷产量比习惯栽培提高13.2%～18.4%，平均增产16.0%，与水稻"三控"施肥技术持平或略增（平均增产1.9%）。水稻低碳高产栽培技术的灌溉用水量比习惯栽培和水稻"三控"施肥技术分别减少50.9%和52.2%。由于减少了灌溉用水量，而产量不减甚至提高，水稻低碳高产栽培技术的水分生产力比习惯栽培技术和水稻"三控"施肥技术分别提高了30.5%和15.1%。习惯栽培的稻田除中期晒田外，常年处于淹水状态，有利于土壤CH_4的生成和排放，而水稻低碳高产栽培技术由于采用了干湿交替灌溉，田间土壤的氧化还原电位提高，减少了土壤CH_4的生成，当季稻田的总温室效应比习惯栽培技术和水稻"三控"施肥技术分别减少33.5%和29.3%。

华南地区气候高温多湿，降水量大，稻田养分径流和挥发损失严重，习惯栽培技术大量的水肥投入加剧了面源污染。与习惯栽培技术相比，水稻低碳高产栽培技术减少了氮肥用量，有利于减少氮素氨挥发、径流和渗漏损失。同时水稻低碳高产栽培技术由于减少了灌溉用水，提高了稻田的蓄水能力，所以，氮素径流损失也比水稻"三控"施肥技术进一步消减。试验结果表明，水稻低碳高产栽培技术的氮素环境流失量（包括氨挥发、渗漏和径流损失）比习惯栽培技术减少38.0%～45.8%，平均减少41.9%；比水稻"三控"施肥技术减少8.8%～22.6%，平均减少14.7%。

可见，与习惯栽培相比，水稻低碳高产栽培技术具有节水、减肥、增产、减排、降污的优势。与当前主推的水稻"三控"施肥技术相比，也具有节水、减排、降污的效果，可在兼顾产量的同时节约灌溉用水，消减稻田氮素养分的环境流失和稻田温室气体排放，可作为绿色低碳的水稻栽培技术推广应用。

表1　水稻低碳高产栽培技术对比试验结果（广州）

年份	季节	处理	产量 （千克/亩）	总温室效应 CO_2当量 （千克/亩）	氮素环境 流失量 （千克/亩）	灌溉用 水量 （米³/亩）	水分生产力 （千克/米³）
2016	早季	习惯栽培	432.7	278.7	5.96	85.4	0.63
		"三控"施肥	492.5	261.9	3.93	91.5	0.72

（续）

年份	季节	处理	产量 （千克/亩）	总温室效应 CO_2当量 （千克/亩）	氮素环境 流失量 （千克/亩）	灌溉用 水量 （米³/亩）	水分生产力 （千克/米³）
2016	早季	低碳高产	498.4	217.5	3.46	9.7	0.82
	晚季	习惯栽培	493.3	390.2	5.39	183.8	1.11
		"三控"施肥	557.5	347.4	3.71	188.5	1.25
		低碳高产	578.8	231.5	3.13	130.9	1.48
2017	早季	习惯栽培	451.2	398.9	4.92	70.2	0.71
		"三控"施肥	506.8	368.8	3.45	63.7	0.81
		低碳高产	510.5	258.1	2.67	17.5	0.88
	晚季	习惯栽培	387.2	403.1	4.97	145.9	0.81
		"三控"施肥	452.0	406.5	3.38	155.1	0.93
		低碳高产	458.3	271.2	3.08	80.2	1.11
平均		习惯栽培	441.1	367.7	5.31	121.3	0.82
		"三控"施肥	502.2	346.2	3.62	124.7	0.93
		低碳高产	511.5	244.6	3.09	59.6	1.07

二、典型应用案例

2015—2020年，水稻低碳高产栽培技术先后作为节水栽培、化肥面源污染控制、农业面源污染治理和化肥农药减施增效的支撑技术，在广东的肇庆、惠州、湛江、云浮和新疆喀什等地示范应用，取得了显著而稳定的节水节肥、增产增收效果。现将6个典型应用案例介绍如下。

案例一 广东省肇庆市高要区稻田化肥污染治理

化肥面源污染是当前我国水稻生产的突出问题之一。广东是农业化肥使用强度最大的省份之一，在农业集约化生产中，水分和肥料投入量大，利用率低。目前华南地区大部分河流富营养化现象严重，农业面源污染是重要原因之一，尤其在水稻种植中，由于氮磷化肥投入量大、施肥时间和施肥方法不合理，造成大量氮磷养分未被作物吸收利用，而通过径流、淋溶、气态损失等途径迁移到水体中，加剧了面源污染。因此，在保证粮食产量的情况下，如何提高化肥利用效率、减少化肥损失及其对环境的影响是当前急需解决的问题。针对华南地区稻田一年多熟、种植制度多样、气候高温多湿、降水量大、化肥施用量大、稻田养分径流和挥发损失严重等特点，我们从肥料运筹和水分管理等方面，开展了华南多熟制稻田面源污染治理技术研究。通过技术集成，提出了华南多熟制稻田化肥面源污染治理的技术方案，建立了技术规程，并示范应用，为提高稻田化肥利用效率、治理化肥面源污染提供技术支撑。

2016—2019年，在广东省肇庆市开展了水稻低碳高产栽培技术的示范应用（图5）。在高要区禄步镇白土垌建立示范基地，示范面积2 500亩，其中核心区面积100亩。该地属南亚热带季风湿润气候区，常年有效积温为7 905℃，年均降水量1 700毫米。示范区排灌设施良好，地面连片平整，当地主要种植模式为冬闲—早稻—晚稻，水稻品种以常规优质稻为主。试验田土壤为潴育型水稻土，土壤肥力中等，土壤

图5 肇庆市高要区禄步镇水稻低碳高产栽培技术示范

A.成熟期田间表现 B.专家现场考察

有机质含量26.8克/千克，全氮含量1.98克/千克，碱解氮含量116.0毫克/千克，有效磷含量25.3毫克/千克，速效钾含量51.6毫克/千克。

在核心示范区内设置对比试验，共设置3个处理，每个处理3块田（3次重复），共9块田，每块田面积约2亩。3个处理分别是：①当地习惯栽培。施肥方法按当地农户栽培技术进行，每季平均施用纯氮13.5千克/亩，五氧化二磷3千克/亩，氧化钾7.5千克/亩。氮肥采用尿素，磷肥采用过磷酸钙，钾肥采用氯化钾。氮肥按基肥40%、返青肥20%、分蘖肥30%和长粗肥10%的比例施入。磷肥作基肥一次施入，钾肥按分蘖肥50%和长粗肥50%的比例施入。采用习惯水分管理方法，除中期排水晒田控制无效分蘖外，其余时间田面维持2～5厘米水层。②水稻"三控"施肥技术。按水稻"三控"施肥技术规程进行。每亩平均施纯氮9千克、五氧化二磷3千克、氧化钾7.5千克。氮肥在早季按基肥50%、分蘖肥20%和穗肥30%的比例施入，晚季则按基肥40%、分蘖肥20%、穗肥30%和粒肥10%的比例施入。磷肥作基肥一次性施入，钾肥按基肥50%和穗肥50%施入。水分管理同当地习惯栽培处理。③水稻低碳高产栽培技术。施肥方式与水稻"三控"施肥技术相同。水分管理采用干湿交替节水灌溉技术。人工移栽，株行距为20厘米×20厘米。

示范区对比试验结果表明：与习惯栽培技术相比，水稻低碳高产栽培技术在早、晚季都能提高稻谷产量，降低肥料成本，减少打药次数和灌溉用水。水稻低碳高产栽培技术的稻谷产量比习惯栽培技术平均提高10.2%，与水稻"三控"施肥技术相当。肥料成本比习惯栽培技术平均减少23.4元/亩，减幅19.2%。与水稻"三控"施肥技术和习惯栽培技术相比，水稻低碳高产栽培技术平均每季水稻灌水次数减少2.2次。由于减少了化肥、农药和劳动力等成本，提高了产量，纯收入比习惯栽培技术平均增加191.8元/亩，增幅33.9%（表2）。在水稻低碳高产栽培技术模式下，水稻苗峰显著低于习惯栽培技术，而抽穗期水稻叶色则比习惯栽培技术更绿，且剑叶长而挺拔。成熟期水稻生长健壮而均衡，抗倒性强，青枝蜡秆，熟色好。水稻低碳高产栽培技术灌溉次数低于习惯栽培技术和水稻"三控"施肥技术，减少了田间灌溉用水。采用水稻低碳高产栽培技术的田块由于田面蓄水能力得到提高，降雨期间径流发生的次数显著减少，为减少面源污染奠定了基础。此外，水稻低碳高产栽培技术的纹枯病、稻纵卷叶螟、稻飞虱和白叶枯病等病虫害发生程度也比习惯栽培明显降低，原因主要是该技术的施肥管理按"三控"施肥技术规程进行，减少了水稻的无效分蘖，有助于改善群体微环境。节水灌溉也使稻株间空气湿度降低，昼夜温差增大，有利于抑制病原菌的繁殖和传播。

2019年11月29日，肇庆市高要区农业局组织有关专家考察了水稻低碳高产栽培技术的示范现场，并进行了实割验收。验收结果表明，水稻低碳高产栽培技术平均亩产为524.2千克，比对照习惯栽培技术增产68.52千克，增幅15.04%，与水稻"三控"施肥技术（平均亩产为524.3千克）产量持平。

表2 水稻低碳高产栽培技术的节水减肥增产效果（2016—2019年，广东肇庆）

季节	处理	产量 （千克/亩）	产值 （元/亩）	肥料成本 （元/亩）	其他成本 （元/亩）	纯收入 （元/亩）	灌水次数 （次）
早季	习惯栽培	452.7	1 222.4	122.6	662.6	559.8	4.3
	"三控"施肥	504.8	1 363.0	95.2	602.6	760.4	3.9
	低碳高产	504.5	1 362.3	96.8	596.6	765.6	3.5
晚季	习惯栽培	457.5	1 235.3	121.5	662.6	572.7	8.9
	"三控"施肥	509.8	1 376.4	100.5	602.6	773.8	9.4
	低碳高产	498.9	1 347.1	100.5	596.6	750.5	5.2
平均	习惯栽培	455.1	1 228.9	122.1	662.6	566.3	6.6
	"三控"施肥	507.3	1 369.7	97.9	602.6	767.1	6.7
	低碳高产	501.7	1 354.7	98.7	596.6	758.1	4.4

注：表中数据为2016—2019年4年的平均值。灌溉水及灌溉用工未计入成本。

案例二 广东省惠州市惠城区农业面源污染治理

　　农业面源污染是指农村地区在农业生产和居民生活过程中产生的、未经合理处置的污染物对水体、土壤和空气及农产品造成的污染，具有位置、途径、数量不确定、随机性大、分布范围广、防治难度大的特点。主要包括化肥污染、农药污染和畜禽粪便污染等。我国是世界上最大的化肥和农药使用国。耕地面积不到世界的1/10，但氮肥使用量却占世界总量的1/3。每年有超过1 500万吨的氮流失到了农田之外。我国水稻生产中农药的过量施用现象也相当严重。过量施肥施药不仅增加了生产成本，而且对环境造成污染，降低农产品的市场竞争力。广东水稻生产中化肥农药过量施用及其带来的面源污染问题相当突出。为此，广东省于2014年启动实施世界银行贷款广东农业面源污染治理项目。该项目计划总投资约13.2亿元，是国内首个利用世界银行贷款实施的农业面源污染治理项目。惠州市位于东江中下游，是珠江三角洲中心城市之一。该市惠城区是世界银行贷款广东农业面源污染治理项目首批6个示范县（市、区）之一。

2017年早季和2018年晚季，我们在惠州市惠城区开展了水稻低碳高产栽培技术的应用示范（图6）。示范点位于该区横沥镇墨园村（北纬23°22′、东经114°59′、海拔19米），是典型的双季稻区。土壤理化性质为：pH 4.94，有机质为28.18克/千克，全氮为1.58克/千克，全磷为0.76克/千克，全钾为20.68克/千克，碱解氮为126.86毫克/千克，有效磷为14.10毫克/千克，速效钾为180.46毫克/千克。2017年早季的平均温度、降水量和总太阳辐射量分别为24.63℃、925.60毫米和1 605.40兆焦/米^2，2018年晚季分别为25.73℃、741.50毫米、1 538.18兆焦/米^2。

供试水稻品种为两系法绿色超级杂交稻组合聚两优751，设置3个处理：①习惯法。按当地农民习惯栽培，总施氮量为纯氮13千克/亩、五氧化二磷3千克/亩、氧化钾7.5千克/亩，栽插密度为1.44万穴/亩。②"三控"法。总施氮量为纯氮10千克/亩、五氧化二磷3千克/亩、氧化钾8千克/亩，栽插密度为1.67万穴/亩。氮肥运筹按基肥：分蘖肥：穗肥＝5：2：3。③低碳法。总施氮量为纯氮13千克/亩、五氧化二磷3千克/亩、氧化钾12千克/亩。氮肥运筹为基肥：分蘖肥：穗肥＝5：2：3，栽插密度为2.00万穴/亩。每个处理3次重复，共9个小区，每个小区面积约0.6亩。人工插秧，每穴1苗。

图6　惠州市惠城区低碳高产技术示范培训

习惯法和"三控"法采用当地习惯水分管理方法。浅水移栽、分蘖，保持水层2～5厘米。当每穴茎蘖数达10条左右排水晒田，倒二叶露尖时恢复2～5厘米水层，直到抽穗。抽穗后湿润灌溉。低碳法采用干湿交替灌溉。浅水移栽、回青，移栽后10天建立5厘米水层，并安装水位管。自然落干至地下15厘米时，再灌水建立5厘米水层，如此循环。见穗期（抽穗1%）建立5厘米水层，维持7天田面有水，此后仍按干湿交替灌溉。2017年早季于3月12日播种，4月11日移栽，7月16日收割。2018年晚季于7月20日播种，8月9日移栽，11月22日收割。成熟期每个小区实收3个点，每个点5米²测产，将稻谷风干，取100克左右于105℃下烘干48小时，测定含水量，然后将稻谷转换成含水量为14%的稻谷产量。

示范结果表明："三控"法和低碳法都能明显提高水稻产量和纯收入。尽管低碳法处理增加了栽插密度和施肥量，导致肥料和种子成本略有增加，但与习惯法相比，低碳法处理的稻谷产量和纯收入，早季分别增加了49.9千克/亩和88.93元/亩，增幅分别为10.5%和19.8%，晚季分别增加了42.7千克/亩和90.86元/亩，增幅分别为8.6%和12.1%，且灌水次数都减少了3次，有利于减少稻田温室气体排放。与"三控"法相比，低碳法在早季的产量和纯收入都有所增加，晚季产量与"三控"法持平，纯收入有所下降。但不论早季还是晚季，灌水次数都减少了2次，节水和减排效应明显（表3）。如果将灌溉水费和灌溉用工纳入成本，则低碳高产栽培的效益将会进一步提升。

表3 不同栽培方法对水稻产量、经济效益和灌水次数的影响（广东惠州）

年份	季节	处理	产量 （千克/亩）	产值 （元/亩）	肥料成本 （元/亩）	其他成本 （元/亩）	纯收入 （元/亩）	灌水次数 （次）
		习惯法	476.4	1 286.29	127.40	710.00	448.89	6
2017	早季	"三控"法	490.7	1 324.79	118.60	725.00	481.19	5
		低碳法	526.3	1 421.02	148.20	735.00	537.82	3
		习惯法	495.9	1 586.97	127.40	710.00	749.57	7
2018	晚季	"三控"法	540.1	1 728.38	118.60	725.00	884.78	6
		低碳法	538.6	1 723.63	148.20	735.00	840.43	4

注：灌溉水及灌溉用工未计入成本。

案例三 广东省罗定市丝苗米产业园化肥农药减施增效示范

广东丝苗米是广东优质稻米的典型代表与特色产品。该类型大米米粒细小，心腹白少，晶莹透明，外观油润，米饭软硬适中，香喷可口，食味佳，深受广东人民喜爱，在港澳地区及国际市场上享有较高声誉。随着人民生活水平的提高，以外观品质和食味品质见长的广东丝苗米在市场上逐渐走俏，深受广大农户和稻米加工企业欢迎。为推动广东丝苗米产业高质量发展，擦亮广东丝苗米品牌，促进农民增收，广东启动实施了丝苗米振兴工程，建设了一批广东丝苗米现代农业产业园。云浮市罗定丝苗米产业园就是其中之一。该地属南亚热带季风湿润气候区，全年平均日照率42%，平均气温18.3～22.1℃，全年平均降水量1 400毫米左右。

2020年早季，我们在位于罗定市太平镇洞美村的罗定丝苗米产业园科技示范基地，采用水稻低碳高产栽培技术为核心技术，开展了化肥农药减施增效技术示范。示范区土壤主要理化性状为：pH 7.1，全氮含量1.39克/千克，有效磷含量45.0毫克/千克，速效钾含量124.5毫克/千克，有机质含量22.3克/千克。主要种植模式为紫云英—稻—稻模式。供试水稻品种为当地大面积种植的特优质丝苗米品种美香占2号。栽培方式为机插秧，栽插密度为30厘米×14厘米。示范设置2个处理。

1.习惯栽培

每亩总施肥量26千克，其中纯氮11千克，五氧化二磷3千克，氧化钾12千克。具体施肥方案为：插秧前，亩施复合肥（含N、P_2O_5和K_2O各17%）18千克、尿素3千克作基肥；插秧后5～7天，亩施尿素6千克作回青肥；插秧后20～25天，亩施尿素8千克作分蘖肥，同时施除草剂，插秧后45天左右，亩施氯化钾15千克作穗肥。采用传统水分管理。浅水移栽，随后保持水层2～5厘米分蘖。当每穴茎蘖数达10条左右排水晒田。倒二叶露尖时恢复2～5厘米水层，直到抽穗。抽穗后湿润灌溉。

2.低碳高产栽培

每亩总施肥量17.9千克，其中纯氮8.5千克，五氧化二磷2.6千克，氧化钾6.8千克。具体施肥方案如下：亩施尿素4千克、复合肥（含N、P_2O_5和K_2O各17%）15千克、氯化钾7.0千克作基肥；移栽后15天，亩施尿素4千克作分蘖肥；在水稻幼穗分化Ⅱ期亩施尿素6千克作穗肥。水分管理采用干湿交替灌溉。移栽返青后埋下水位管，在移栽后10天内，以及见穗至见穗后7天，保持浅水层3～5厘米。当每穴茎蘖数达到10条时，排水晒田，倒二叶抽出时重新上水。其他时期，只有当地下水位低于15厘米时才灌水。

与习惯栽培相比，水稻低碳高产栽培技术的每亩总施肥量减少8.1千克，减幅25.3%。每亩氮（N）、磷（P_2O_5）、钾（K_2O）化肥投入量分别减少2.5千克、0.4千克和5.2千克。此外，还减少灌溉2次。示范结果，习惯栽培和低碳高产栽培亩产分别为410.7千克和485.3千克，低碳高产栽培比习惯栽培每亩增产74.6千克，增幅18.2%；习惯栽培技术和低碳高产栽培技术的肥料效率［千克稻谷/千克（$N + P_2O_5 + K_2O$）］分别为15.8%和27.1%，低碳高产栽培比习惯栽培提高71.5%，节水减肥增产增效显著。

案例四　广东省廉江市直播稻低碳高产示范基地

廉江市地处粤西沿海地区，是传统的直播稻生产区。由于习惯栽培技术播种量大，施肥过量，加上该地台风多，倒伏问题突出，产量不高不稳。2018年，水稻低碳高产栽培技术示范基地在廉江市营仔镇云峡村（北纬21°47′、东经109°55′、海拔2.0米）建立。2018—2020年，在该基地连续开展了三年的直播稻低碳高产栽培技术示范。示范点土壤理化性质为：pH 5.28，有机质含量14.65克/千克，全氮含量0.69克/千克，全磷含量0.41克/千克，全钾含量10.33克/千克，碱解氮含量72.49毫克/千克，有效磷含量35.30毫克/千克，速效钾含量89.36毫克/千克。

供试水稻品种为常规优质稻品种百香139，设置3个处理：①习惯法。按农民习惯栽培，每亩总施肥量为纯氮16千克、五氧化二磷5千克和氧化钾16千克。分3次施用，播种前亩施尿素9千克和过磷酸钙20千克作基肥，播种后15天亩施尿素5千克和"彩虹"牌快美复混肥（N、P_2O_5和K_2O含量分别为24%、7%和19%）20千克，播种后25天亩施快美复混肥20千克和氯化钾15千克。②"三控"法。采用"三控"施肥技术，每亩总施肥量为纯氮11千克、五氧化二磷3.3千克和氧化钾8.8千克。亩施快美复混肥46千克，分3次施用，基肥占50%，分蘖肥占20%，穗肥占30%。③低碳法。每亩总施肥量为纯氮10千克、五氧化二磷3.0千克和氧化钾8.0千克。亩施快美复混肥42千克，分2次施用，基肥和穗肥各占40%和60%。每个处理3次重复，共9个小区，每个小区面积约2亩。

采用水直播栽培，人工撒播，播种量为5千克/亩。习惯法和"三控"法采用习惯水分管理。2叶1心期后，保持浅水层2~5厘米，当每平方米茎蘖数达300条左右时排水晒田，倒二叶露尖时恢复2~5厘米水层，保持水层至抽穗。抽穗后湿润灌溉。低碳法采用干湿交替灌溉技术。2叶1心期后建立5厘米水层，并安装水位管观察水位。当水位自然落干至地下15厘米时，再灌水建立5厘米水层，如此循环。见穗期建立5厘米水层，维持7天田面有水，此后仍按干湿交替灌溉。2018年晚季于8月1日播种，10月13日抽穗，11月13日收割；2019年早季3月3日播种，5月26日抽穗，6月28日收割；2020年晚季7月31日播种，10月13日抽穗，11月19日收割。在收割前，每个小区实收3个点，每个点实收5米²测产，将稻谷风干，取100克左右于105℃下烘干48小时，测定含水量，然后转换成含水量为14%的稻谷产量。

示范结果表明，"三控"法和低碳法都能明显提高水稻产量和纯收入，降低肥料成本，减少灌溉次数。与习惯法相比，低碳法处理由于减少了施肥量和施肥次数，其肥料成本、其他成本分别降低了40.21%～46.62%和8.82%；低碳法处理的稻谷产量、产值和纯收入分别增加了19.51%～27.48%、19.48%～27.63%和1.24～7.61倍，且每季灌水次数减少了3～5次。低碳法处理的稻谷产量与"三控"法持平，由于减少了施肥量、施肥次数和灌水次数，其纯收入高于"三控"法处理（表4）。

表4　不同栽培处理对直播稻产量和经济效益的影响（广东廉江）

年份	季节	处理	产量（千克/亩）	产值（元/亩）	肥料成本（元/亩）	其他成本（元/亩）	纯收入（元/亩）	灌水次数（次）
2018	晚季	习惯法	356.67	1 140.30	224.8	680.00	235.50	7
		"三控"法	454.00	1 452.65	147.2	670.00	635.45	5
		低碳法	454.67	1 455.31	134.4	620.00	700.91	3
2019	早季	习惯法	328.00	950.81	224.8	680.00	46.01	8
		"三控"法	391.33	1 135.00	134.4	670.00	330.60	6
		低碳法	392.00	1 136.04	120.0	620.00	396.04	3
2020	晚季	习惯法	366.00	1 243.44	224.8	680.00	338.64	5
		"三控"法	446.00	1 517.12	147.2	670.00	699.92	4
		低碳法	444.67	1 512.59	134.4	620.00	758.19	2

注：灌溉水及灌溉用工未计入成本。

　　此外，通过与当地农业技术推广部门合作，举办技术培训班和现场观摩会，发放技术资料，推动水稻低碳高产栽培技术在湛江直播稻区的推广应用（图7）。据统计，平均每亩增产稻谷69.3千克，节省化肥和农药成本89.5元，增收300.1元，取得了良好的经济、社会和生态效益。

图7　廉江水稻低碳高产技术示范基地
A. 示范基地现场　B. 水稻低碳高产技术培训

案例五 广东省雷州市直播稻低碳高产栽培

地处粤西地区的湛江雷州市是广东水稻生产大市，水稻播种面积90多万亩，列广东省内县市的第二位。东西洋农田连片面积22万亩，是广东最大的连片水稻种植区，有"广东第一田"之称。该市为传统直播稻区，缺水是当地水稻生产的重要制约因素。由于过量施肥、大水漫灌的栽培习惯，加上地处沿海，台风频繁，导致水稻单产水平低、种粮效益低和种粮积极性不高等问题，严重制约着该地水稻产业的发展。为此，我们于2015年早季和2016年晚季在该地开展了水稻低碳高产栽培技术示范（图8）。示范在雷州市松竹镇刘宅村进行。示范区排灌设施良好，地面平整、连片，地力均匀。试验田土壤类型为黏质土，土壤pH为4.95，土壤肥力中等，有机质含量为22.98克/千克，碱解氮含量为95.15毫克/千克、有效磷（P）含量为40.22毫克/千克，速效钾（K）含量为178.39毫克/千克。供试水稻品种为当地大面积种植的常规稻品种特籼占25。栽培方式为人工撒播。

试验设3个处理：①习惯栽培。总施氮量11千克/亩，氮肥运筹为：基肥70%，出芽肥20%，分蘖肥10%，分别在播种前、播种后7天和15天施用，早、晚季一致。磷、钾肥全部作基肥施下。早季磷肥施用量为4千克/亩，晚季为2千克/亩，早、晚季钾肥施用量均为8千克/亩。水分管理采用习惯水分管理方法。除排水晒田控制无效分蘖外，其余时间田面

图8 雷州市松竹镇水稻低碳高产栽培技术示范
A.雷州低碳高产技术示范现场 B.低碳高产技术抗倒性强

维持2～5厘米水层。②水稻"三控"施肥技术。总施氮量为10千克/亩，早、晚季一致。氮肥运筹为：基肥20%，3叶期20%，分蘖中期40%，穗分化始期20%，分别在播种前与播种后15天、30天和60天左右施用。磷、钾肥的施用及水分管理与习惯栽培相同。③水稻低碳高产栽培技术。总施氮量为9千克/亩，早、晚季一致。早季氮肥比例为：基肥20%，3叶期20%，穗分化始期30%，孕穗期30%，分别在播种前与播种后15天、60天和80天施用。晚季氮肥运筹为：基肥30%，3叶期20%，穗分化始期30%，孕穗期占20%，分别在播种前与播种后10天、50天和70天施用。磷钾肥的施用与农户习惯相同。水分管理采用干湿交替节水灌溉技术。

示范结果显示，早季和晚季水稻低碳高产栽培技术的稻谷产量，分别比习惯栽培提高84.0千克/亩和30.7千克/亩，增幅分别为19.8%和10.0%，比"三控"施肥技术分别提高60.6千克/亩和25.4千克/亩，增幅分别为13.6%和8.2%。水稻低碳高产栽培处理的化肥、农药、人工等成本明显降低，其早季和晚季的亩纯收入分别比习惯栽培增加273.8元和134.4元，分别提高54.9%和62.0%，比"三控"施肥技术分别增加155.0元和93.5元，分别提高25.1%和36.3%（表5）。与习惯栽培和"三控"施肥技术相比，每季灌水次数减少1次。虽然2016年晚季受强台风影响，各处理产量都较低，但水稻低碳高产栽培技术仍表现出明显的增产增收效果。

表5 雷州市松竹镇水稻低碳高产栽培技术示范效果

年份	季节	处理	产量 (千克/亩)	产值 (元/亩)	肥料成本 (元/亩)	其他成本 (元/亩)	纯收入 (元/亩)	灌水次数 (次)
2015	早季	习惯栽培	423.3	1 101.1	117.0	485.1	499.1	5
		"三控"施肥	446.7	1 166.1	100.9	447.3	617.9	5
		低碳高产	507.3	1 318.2	97.9	447.3	772.9	4
2016	晚季	习惯栽培	306.0	787.0	108.5	461.5	216.9	6
		"三控"施肥	311.3	799.2	93.8	447.6	257.8	6
		低碳高产	336.7	864.5	90.8	422.6	351.3	5

注：灌溉水及灌溉用工未计入成本。

　　水稻低碳高产栽培技术显著降低了氮肥的基蘖肥比例，水稻无效分蘖减少，基部节间长度缩短，从而提高了抗倒能力。水稻茎基部节间过长是引发倒伏的重要因素。示范区调查发现，在水稻低碳高产栽培技术处理下，水稻基部第1、2节间长度分别比习惯栽培技术缩短了23.9%～27.4%和19.7%～26.8%，这可能是低碳高产栽培技术的抗倒性大幅提高的原因。2016年晚季，台风"莎莉嘉"袭击雷州半岛，造成水稻大面积倒伏。试验田块习惯栽培处理的倒伏面积达84.7%，而水稻低碳高产栽培处理的倒伏面积仅为1.2%。

　　无效分蘖的减少提高了群体通透性，节水灌溉也使株间空气湿度降低，从而抑制病原菌的繁殖和传播。田间调查表明，水稻低碳高产栽培技术的纹枯病病情指数比当地习惯栽培技术减少70.9%～80.0%，白叶枯病病叶率减少40.0%～50.0%，稻纵卷叶螟卷叶率减少70.1%～71.9%，稻飞虱百丛头数降低71.9%～80.8%。

综上可见，水稻低碳高产栽培技术在早、晚季都能降低肥料成本、减少打药次数和灌溉用水，加上稻谷产量提高，倒伏显著减少，使水稻生产的净收益明显增加，在该地区具有良好的应用前景。

案例六　新疆维吾尔自治区疏附县水稻低碳高产栽培

新疆维吾尔自治区属暖温带大陆性荒漠气候，在全国稻作区划分中属于西北干旱稻作区，适于种植早粳类型水稻品种，主要为一年一熟制。常年水稻种植面积为7.2万公顷，以种植优质稻为主。疏附县位于新疆西南部的喀什地区，四季分明，光热资源丰富，年太阳总辐射量5 500～6 300兆焦/米²，日照时间长、昼夜温差大，利于同化物积累和水稻高产，但缺水是制约其水稻生产的重要障碍因子。

2016年我们在疏附县布拉克苏乡（北纬39°16′、东经75°48′）进行了水稻低碳高产栽培技术示范（图9）。示范片耕作层土壤属粉（沙）壤土，pH 7.81～7.99，有机质含量31.93～46.12克/千克，全氮含量1.61～2.32克/千克、碱解氮含量104.13～145.9毫克/千克、有效磷含量26.8～47.2毫克/千克、速效钾含量75.92～229.32毫克/千克。示范区面积100亩，在示范区内选择3块农户稻田进行对比试验，试验地前茬为水稻。供试品种为当地高产优质常规稻品种新稻11。4月20日播种，5月29日移栽，每丛6～7苗，8月10日抽穗，10月9日收获。

试验设当地习惯栽培和低碳高产栽培两个处理。每块田中间做一田埂，使之等分为肥力相近的两部分。田埂用塑料

图9 新疆疏附水稻低碳高产栽培技术示范
A.田间安装水位管指导灌溉 B.示范现场观摩会

薄膜包埋，以防渗漏。一部分按当地习惯施肥和灌溉，另外一部分采用水稻低碳高产栽培技术。

（1）当地习惯栽培。栽插密度为27.4穴/米²。每亩总施肥量为纯氮22.9千克和五氧化二磷11.5千克，未施钾肥。不施基肥，移栽后7天每亩施纯氮4.5千克、五氧化二磷11.5千克，移栽后16天和47天每亩各施纯氮9.2千克。除生育中期排水搁田外，其余时期保持水层，收获前1周断水。

（2）低碳高产栽培。栽插规格26.7厘米×13.3厘米（28.1穴/米²），每亩总施肥量为纯氮14千克、五氧化二磷4.2千克和氧化钾5千克。施肥参照水稻"三控"施肥技术，根据当地情况略做调整。氮肥分为回青肥、分蘖肥、穗肥和粒肥4次施入，分别在移栽后8天、23天、47天和70天，按40%、20%、30%和10%的比例施用。第1次施用磷酸二铵，其余3次用尿素。磷肥在第1次施用氮肥时以磷酸二铵的形式施入。钾肥（硫酸钾）在施穗肥（第3次施肥）时随氮肥一次性施入。水分管理采用干湿交替灌溉技术，移栽后埋下水位管，在移栽后10天内、抽穗前3天至抽穗后3天保持3～5厘米浅水层，其他时期只有当地下水位低于15厘米时才灌水5厘米，如此循环。

对比试验结果，与习惯栽培技术相比，水稻低碳高产栽培技术显著提高水稻产量，降低肥料成本，减少打药次数和灌溉用水。水稻低碳高产栽培技术的稻谷产量比习惯栽培技术平均提高166.2千克/亩，增幅为30.7%；比水稻"三控"施肥技术提高44.0千克/亩，增产6.6%。水稻低碳高产栽培的肥料成本比习惯栽培减少48.8元/亩，减幅为27.8%。与水稻"三控"施肥技术和习惯栽培技术相比，水稻低碳高产栽培技术每季水稻灌水次数减少2次以上。由于增产的同时减少了化肥、农药和劳动力等成本，纯收入比习惯栽培提高613.8元/亩，增幅为61.3%，比"三控"施肥技术增收136.1元/亩，增幅为9.2%（表6）。在水稻低碳高产栽培技术模式下，水稻苗峰显著低于习惯栽培技术，而抽穗期水稻叶色则比习惯栽培技术更绿。成熟期水稻结实率高、熟色好。2015—2016年，在当地农业部门和农技人员的积极配合下，开展了多场技术培训，召开现场观摩会2次。该技术操作简单，当地群众容易接受。

表6　2016年新疆疏附县水稻低碳高产栽培技术示范效果

处理	产量 （千克/亩）	产值 （元/亩）	肥料成本 （元/亩）	其他成本 （元/亩）	纯收入 （元/亩）	灌水 （次）
习惯栽培	541.1	1 677.5	175.4	500.0	1 002.1	26
"三控"施肥	663.3	2 056.4	126.6	450.0	1 479.8	24
低碳高产	707.3	2 192.5	126.6	450.0	1 615.9	22

注：灌溉水及灌溉用工未计入成本。

附录 A 珠江三角洲水稻低碳高产栽培技术规程

附录 A1 珠江三角洲移栽早稻低碳高产栽培技术规程

项目	秧田期	返青分蘖期	拔节长穗期	灌浆结实期
起止时间	3月至4月上旬	4月至5月上旬	5月至6月上旬	6月至7月上中旬
技术要点	①选用良种，保证用种量。优先选用氮磷肥料高效、碳排放少的品种。杂交稻用种1~1.25千克，常规稻亩用种2千克。机插秧的用种量适当增加。 ②适时播种。2月下旬至3月上旬播种，播后盖膜保温。湿润育秧按秧田:本田=1:10备足秧田，机插的按秧田:本田=1:(80~100)准备秧田，抛秧的每亩本田用434孔秧盘50个或561孔秧盘40个。 ③秧田施肥。湿润育秧苗施三元复合肥（含氮量15%以上）25千克作基肥，1叶1心至2叶1心期亩施尿素3千克和氯化钾3千克作断奶肥，移栽前3~4天亩施尿素5~8千克作送嫁肥。采用基质或营养土育秧的，视苗情追肥。	①适龄移栽，合理密植。湿润育秧秧龄30天左右，机插秧秧龄15~20天，栽插规格20厘米×20厘米或30厘米×化(12~14)厘米，或抛秧50盘(434孔秧盘)或40盘(561孔秧盘)，每亩栽插或抛秧1.6万~2万穴，杂交稻每穴1~2苗，常规稻每穴3~4苗。 ②基肥。亩施尿素8~10千克，过磷酸钙20~25千克。 ③分蘖肥。移栽后15~17天，亩施尿素4~6千克，氯化钾4~6千克。 ④水分管理。浅水移栽，保持浅水返青，移栽后10天安装水位管，开始干湿交替灌溉。当水位降至地面以下15厘米时，灌水建立2~5厘米水层，如此循环。当全田苗数达到目标穗数80%时（移栽后25天左右）排水晒田。	①穗肥。穗分化Ⅱ期（移栽后35~40天），亩施尿素6~8千克，氯化钾5~6千克。 ②倒二叶抽出期（移栽后40~45天）停止晒田，建立2~5厘米水层并维持7天，此后实行干湿交替灌。后实行干湿交替灌溉，当水位降至地面以下15厘米时，灌水建立2~5厘米水层，如此循环，直到见穗。	①看苗补施粒肥。看苗破口期，叶色偏浓且天气好，亩用磷酸二氢钾200克加尿素0.5~1千克兑水叶面喷施。叶色偏绿或天气好不好的，气好好不施。 ②水分管理。见穗后建立2~5厘米水层并维持7天，此后干湿交替灌溉，收割前7~10天断水，不要断水过早。

（续）

项目	秧田期	返青分蘖期	拔节长穗期	灌浆结实期
起止时间	3月至4月上旬	4月至5月上旬	5月至6月上旬	6月至7月上中旬
技术要点	①病虫害防治。播种前种子处理，用强氯精等进行种子处理。秧田期注意防治稻飞虱，叶蝉，稻蓟马，稻瘟病等，移栽前3天喷施送嫁药。	⑤有害生物防治。返青后施用除草剂，注意防治稻苞虫蟆。	③病虫害防治。注意防治稻瘟病，纹枯病和稻纵卷叶螟，三化螟等。晒田结束后防治纹枯病一次。	③病虫害防治。破口期防治稻瘟病，纹枯病，稻飞虱，稻纵卷叶螟，枯病等，后期注意防治稻飞虱。

说明
①本规程以珠江三角洲为例，按全生育期120～135天，每亩目标产量450～500千克，地力产量250～300千克设计。品种生育期不同，穗肥的施用时间要相应提早或推后。目标产量和地力产量不同，施肥量要相应增减。以地力产量为基础，每增产50千克稻谷增施纯氮2.5千克。
②保水保温能力差的土壤，或者栽插密度和基本苗达不到要求的，应在移栽后5～7天增施尿素3～5千克。农家肥，绿肥和稻秆等有机肥，根据其施用量和稻秆养分含量，计入总施肥量中，在确定化肥施用量时予以扣除。冬季种植蔬菜或马铃薯等冬季作物，钾肥对早稻的残效都按冬作施肥量的20%计，在早稻施肥量中予以扣除。如田块曾施绿肥以氮肥为基肥折算，余下部分用单质肥料补足。
③在水稻孕穗期若遇低温，应暂停实施干湿交替灌溉，立即灌深水保温。

附录A2 珠江三角洲移栽稻晚稻低碳高产栽培技术规程

项目	秧田期	返青分蘖期	拔节长穗期	灌浆结实期
起止时间	7月	8月	9月	10月至11月上旬
技术要点	①选用良种，保证用种量。优先选用氮磷肥料高效、碳排放较少的品种。杂交稻苗用种1.25～1.5千克，常规稻苗用种2～2.5千克。机插秧的用种量适当增加。②适时播种，清水选种。湿润育秧前播种晒插按秧田：本田＝1：10备足秧田。机插秧的按秧田：本田＝1：80准备秧田，抛秧的每亩本田用434孔秧盘55个或561孔秧盘45个。③秧田施肥。湿润育秧苗田施复合肥（含氮量15%以上）25千克作基肥，1叶1心至2叶1心期施断奶肥，3千克和氯化钾3千克作断奶肥，移栽前3～4天苗施尿素5～8千克作送嫁肥。采用基质育秧或营养土育秧的，视苗情追肥。④病虫害防治。播种前晒种，用强氯精等进行种子处理，秧田期注意防治稻飞虱、叶蝉、稻蓟马、稻瘟病等，移栽前3天喷施送嫁药。	①适龄移栽，合理密植。秧龄15～20天，机插秧秧龄12～15天，栽插规格20厘米×17厘米或25厘米×13厘米，或30厘米×12厘米，抛栽秧55盘（434孔秧盘）或45盘（561孔秧盘），每亩栽插或抛植1.8万～2.2万穴，杂交稻每穴1～2苗，常规稻每穴3～4苗。②基肥。亩施尿素8～10千克，过磷酸钙15千克。③分蘖肥。亩施尿素5～7千克，氯化钾5～6千克。④水分管理。移栽后12～15天，浅水移栽，保持浅水层10天，移栽后10天开始干湿交替灌溉，当水位降至地面以下15厘米时，灌水建立2～5厘米水层，如此循环。当田苗数达到目标穗数80%～90%时排水晒田（移栽后20天左右）排水晒田。⑤有害生物防治。返青后施用除草剂，注意防治福寿螺。	①穗肥。穗分化Ⅱ期（移栽后30～35天），亩施尿素6～8千克，氯化钾5～6千克。②倒二叶抽出期（移栽后40～45期（移栽后40～45天）施立，此2～5厘米水层，后建立2～5厘米水层。②水分管理。见穗后停止晒田，建立2～5厘米水层，此后维持7天，并实行干湿交替灌溉，当水位降至地面以下15厘米时，灌水建立2～5厘米水层，直到见穗。③病虫害防治。注意防治稻瘟病、纹枯病、稻纵卷叶螟、三化螟等。晒田结束后防治纹枯病、稻纵卷叶螟、枯病、稻飞虱等。	①粒肥。破口期，破口肥。亩施尿素2～3千克，或亩施磷酸二氢钾200克加尿素0.5～1千克兑水叶面喷施，见穗偏绿或天气不好不施。②水分管理。见穗后建立2～5厘米水层，后维持7天，此后实行干湿交替灌溉，当水位降至地面以下15厘米时，灌水建立2～5厘米水层，如此循环，收割前7天断水，不要断水过早。③病虫害防治。破口期防治稻瘟病、纹枯病、稻纵卷叶螟、稻飞虱、稻曲病等，后期注意防治稻飞虱一次。

（续）

项目	秧田期	返青分蘖期	拔节长穗期	灌浆结实期
起止时间	7月	8月	9月	10月至11月上旬
说明	①本规程以珠江三角洲为例，按全生育期105～120天，每亩目标产量450～500千克，地力产量250千克左右设计。品种生育期不同，穗肥的施用时间要相应提早或推后。目标产量和地力产量不同，施肥量要相应增减。以地力产量为基础，每增产50千克需增施纯氮2.5千克。 ②保水保肥能力差的土壤，或者栽插密度和基本苗达不到要求的，应在移栽后5～7天增施尿素3～5千克。农家肥、绿肥和秸秆等有机肥，根据其施用量和养分含量，计入总施肥量中，在确定化肥施用量时予以扣除。早稻稻草还田的，晚稻钾肥减少50%。如用复合肥，各时期施肥量以氮肥为基准折算，余下部分用单质肥料补足。 ③在水稻孕穗期若遇低温，应暂停实施干湿交替灌溉，立即灌深水保温。			

附录A3　珠江三角洲直播早稻低碳高产栽培技术规程

项目	幼苗期（播种至3叶期）	分蘖期	拔节长穗期	灌浆结实期
起止时间	3月中旬至4月上旬	4月至5月上中旬	5月上中旬至6月中旬	6月上中旬至7月上中旬
技术要点	①选用良种，保证用种量。优先选用氮磷肥料高效、碳排放少的品种。水直播宜用种2千克左右，旱直播2.5～3千克。②整地作畦。放水耙耕或水耙耕干整。高差不超过3厘米。开沟作畦，畦面宽3～5米，沟宽25～30厘米，沟深15～20厘米。③基肥。结合整地，亩施尿素6～8千克，氯化钾5～7千克。过磷酸钙25千克。④适时播种。3月中旬播种，播种前晒种，精选种子。旱直播采用干谷播种，播后播盖土。水直播浸种催芽，露白播种。⑤水分管理。旱直播种后后灌，湿润出苗。自然落干出苗。水直播浅水播种，水不上畦面。保持畦面湿润直至出现细裂缝，可灌跑马水。	①水分管理。3叶期建立2～5厘米水层，安装水位器，开始干湿交替灌溉。当水位降至地面以下15厘米时，灌水建立2～5厘米水层，如此循环。②分蘖肥。在3叶期（播种后15～18天），亩施尿素6～8千克。苗少，叶色浅多施，反之少施。③移密补稀。在2～3叶期，当田间空地面积大于1尺见方（1000厘米²）时，匀栽1～2株秧苗。④中期晒田。当全田苗数达到目标穗数80％时（播种后40～45天）排水晒田。晒到田边见裂缝，叶色明显落黄为度。若田面太干可灌跑马水。	①穗肥。穗分化II期（播种后60～65天），亩施二氢铵200克加尿素8～10千克（视苗情增减），氯化钾5～7.5千克。②倒二叶抽出期（播种后75天左右）停止晒田，建立2～5厘米水层并维持7天。此后实行干湿交替灌溉，当水位降至地面以下15厘米时，灌水建立2～5厘米水层，如此循环，直到见穗。	①看苗补施粒肥。破口期，若叶色偏淡且天气好，亩用磷酸二氢钾200克加尿素0.5～1千克兑水叶面喷施。叶色偏绿或天气不好不施。②水分管理。见穗后建立2～5厘米水层并维持7天。此后实行干湿交替灌溉，当水位降至地面以下15厘米时，灌水建立2～5厘米水层，如此循环。收割前7～10天断水，不要断水过早。

（续）

项目	幼苗期（播种至3叶期）	分蘖期	拔节长穗期	灌浆结实期
起止时间	3月中旬至4月上旬	4月至5月上旬	5月上中旬至6月中旬	6月上中旬至7月上旬
技术要点	⑥有害生物防治。杂草多的田块，翻耕前5～7天用除草剂灭草。播种后3天内封草，2～3叶期视草情施除草剂杀草。结合整地，每亩施茶籽饼7.5～10千克或50%杀螺胺乙醇胺盐可溶性粉剂80克防治福寿螺。做好鼠害和鸟害防治。	⑤杂草防治。晒田前，若田间仍有较多杂草，可采用除草剂防治。	③病虫害防治。注意防治稻瘟病、纹枯病、稻飞虱、三化螟和稻纵卷叶螟等。晒田结束后防治纹枯病一次。	③病虫害防治。破口期防治稻瘟病、纹枯病、稻飞虱、稻纵卷叶螟等枯病，后期注意防治稻飞虱。
说明	①本规程以珠江三角洲为例，按全生育期120～135天，每亩产量450～500千克，地力产量250～300千克设计。品种生育期不同，穗肥的施用时间要相应提早或推后。目标产量和地力产量不同，施肥量要相应增减，以地力产量为基础，每亩产500千克需增施纯氮2.5千克。 ②农家肥、绿肥或马铃薯等冬作物的，根据其施用量和养分含量，计入总施肥量中，在确定化肥施用时予以扣除。冬季种植蔬菜或秸秆等冬作的，其氮、磷、钾肥对早稻的残效按冬效分别按施肥量的20%计，在早稻施肥量中予以扣除。如各时期施肥以氮肥为基准折算，余下部分用单质氮肥中予以补足。 ③整地质量差，草害、福寿螺危害、鼠害、鸟害严重的，要适当加大用种量。土壤板结而难耙碎的黏土田，不宜采用早直播。 ④在水稻孕穗期遇低温，应暂停实施干湿交替灌溉，立即灌深水保温。			

附录A4　珠江三角洲直播晚稻低碳高产栽培技术规程

项目	幼苗期（播种至3叶期）	分蘖期	拔节长穗期	灌浆结实期
起止时间	7月	8月	9月	10月至11月上旬
技术要点	①选用良种，保证用种量。优先选用氮磷肥料高效、碳排放少的品种。采用水直播，亩用种2～3千克。 ②整地作畦，放水整平，高差不超过3厘米。播种前3～4天整地，干耕或水耕，开沟作畦，畦面宽3～5米，沟宽25～30厘米，沟深15～20厘米。 ③基肥。结合整地，亩施尿素6～8千克、过磷酸钙15千克，氯化钾5～7.5千克。 ④适时播种。7月中下旬播种，播种前晒种、精选种子，浸种催芽、露白播种。匀播，害严重的可用驱鸟剂拌种。 ⑤水分管理。播种前排水，湿润出苗，出苗后保持畦面湿润，使畦面湿润，水不上畦面，保持畦面湿润直至3叶期。然后播种，湿润出苗，保到苗出后，使畦面湿润直至出现细裂缝。若田面太干可灌跑马水。若田面太干可灌跑马水。	①水分管理。3叶期建立2～5厘米水层，开始干湿交替灌溉。当水位降至地面以下15厘米时，灌水建立2～5厘米水层，如此循环。 ②分蘖肥。在3叶期（播种后10～12天），亩施尿素6～8千克。苗少、叶色浅少之处多施，反之少施。 ③移密补稀。当田间空地面积大于1尺见方（1000厘米²）时，匀栽1～2株秧苗。 ④中期晒田。当全田苗数到目标穗数80%～90%时（播种后30天左右）排水晒田，晒到田边见裂缝。叶色明显落黄为度。若田面太干可灌跑马水。	①穗肥。穗分化Ⅱ期（播种后55天左右），亩施尿素8～10千克（视苗情增减），氯化钾5～7千克。 ②水分管理。倒二叶抽出期（播种后65天左右）停止晒田，建立2～5厘米水层，干湿交替灌溉，当水位降至地面以下15厘米时，灌水建立2～5厘米水层，如此循环。	①粒肥。破口期，亩用磷酸二氢钾200克加尿素0.5～1千克兑水叶面喷施，叶色偏绿或天气不好不施。 ②水分管理。见穗后建立2～5厘米水层并维持7天。此后实行干湿交替灌溉，当水位降至地面以下15厘米时，灌水建立2～5厘米水层，如此循环。收割前7～10天断水，不要断水过早。

（续）

项目	幼苗期（播种至 3 叶期）	分蘖期	拔节长穗期	灌浆结实期
起止时间	7 月	8 月	9 月	10 月至 11 月上旬
	⑥有害生物防治。播种后 3 天内封草，2～3 叶期视草情施除草剂杀草。结合整地，亩施茶籽饼 7.5～10 千克或 50% 杀螺胺乙醇胺盐可溶性粉剂 80 克防治福寿螺。	⑤杂草防治。晒田前，若田间仍有较多杂草，可采用除草剂防治。	③病虫害防治。注意防治稻瘟病、纹枯病、稻飞虱、三化螟和稻纵卷叶螟等。晒田结束后防治纹枯病一次。	③病虫害防治。破口期防治稻瘟病、纹枯病、稻飞虱、稻纵卷叶螟等，后期注意防治稻飞虱。

注

说明

①本规程以珠江三角洲为例，按全生育期 105～120 天，每亩目标产量 450～500 千克，地力产量 250 千克左右设计。目标产量和地力产量不同，施肥量要相应增减。以地力产量为基础，每亩增产 50 千克需施纯氮 2.5 千克。

②农家肥、绿肥和稻秆等有机肥，根据其施用量和养分含量，计入总施肥量中，在确定化肥施用量时予以扣除。如用复合肥，各时期施用氮肥以氮肥为基准折算，余下部分用单质肥料补足。

③整地质量差、草害、福寿螺危害、鼠害、鸟害严重的，要适当加大用种量。

④在水稻孕穗期若遇低温，应暂停实施干湿交替灌溉，立即灌深水保温。

附录B 水稻病虫草鼠害防治及农药使用

一、常见水稻病害及其防治

1.稻瘟病

稻瘟病是水稻的主要真菌性病害之一，以日照少、雾露多的山区和气候温和的沿海地区为重。根据发病部位不同，可分为苗瘟、叶瘟、穗颈瘟、枝梗瘟和谷粒瘟等。

防治方法：

①选用抗病品种，注意品种合理搭配和轮换。

②种子处理。用500倍的强氯精水溶液浸种12小时，然后用清水冲洗干净，再浸种或直接催芽。

③控制氮肥用量，水稻生长前期浅水勤灌，中期及时晒田，后期干湿交替，使水稻稳健生长，提高抗病力。

④药剂防治。常发区在秧苗3～4叶期或移栽前5天喷药预防苗瘟。在苗期或分蘖期，稻叶出现急性型病斑或有发病中心的稻田，要及时喷药。重点防治穗颈瘟。生物农药可选用枯草芽孢杆菌、春雷霉素、多抗霉素、申嗪霉素、井冈·蜡芽菌等品种，化学农药可选用三环唑、丙硫唑、咪铜·氟环唑、肟菌·戊唑醇、嘧菌酯等品种。

2.纹枯病

纹枯病是水稻常发的真菌性病害，发生面广，危害重，损失大，以分蘖期和孕穗期最易感病。

防治方法：

①清除菌核。移栽前打捞漂浮在水面上的菌核，带出田外深埋或烧毁，减少菌源。病稻草不还田。

②栽培防病。控制氮肥用量，增施磷钾肥，及时晒田，控制无效分蘖，提高群体通透性。

③药剂防治。防治适期为分蘖末期至抽穗期，以孕穗期至始穗期防治最好。一般当水稻分蘖末期到拔节期丛发病率10%～15%，孕穗期丛发病率15%～20%时，就喷药防治。药剂可选用井冈霉素A、井冈·蜡芽菌、多抗霉素、氟环唑、咪铜·氟环唑、噻呋酰胺等品种。

3.白叶枯病

水稻白叶枯病是一种细菌性病害。台风暴雨造成大量伤口，有利于病菌的入侵和传播。以水稻孕穗期最易感病，分蘖期次之。

防治方法：

①选用抗病品种，如粤禾丝苗、粤农丝苗、五山丝苗、粤农占、桂农占等。

②处理病稻草，不用病稻草作浸种催芽覆盖物或扎秧把。

③种子处理。如用强氯精300倍液或1%石灰水浸种。

④药剂防治。在水稻分蘖期及孕穗期的初发阶段，特别是出现急性型病斑，气候有利于发病时，要立即施药防治。发现一点治一片，发现一片治全田。药剂选用噻霉酮、噻唑锌等品种。

4.稻曲病

病菌孢子随气流传播散落在稻株叶片上，主要在水稻破口期侵入花器，造成谷粒发病。

防治方法：

①种子消毒。杂交稻种子可用25%施保克乳油1 500～2 000倍液浸种24小时，常规稻种子用2 000～2 500倍液浸种48～72小时，浸种后直接催芽，或用1%石灰水浸种3天，稻种始终淹在石灰水下。

②控制氮肥用量，注意氮、磷、钾肥配合。

③药剂防治。水稻破口前7~10天（10%水稻剑叶叶枕与倒二叶叶枕齐平时）施药预防，如遇多雨天气，7天后第2次施药。药剂选用井冈·蜡芽菌、氟环唑、咪铜·氟环唑、苯甲·丙环唑、肟菌·戊唑醇等品种。

5.南方水稻黑条矮缩病

南方水稻黑条矮缩病是一种病毒病，主要发生在中国南部和越南北部。水稻各生育期都受该病毒侵染。

防治方法：

①抓好药剂拌种或浸种，防治传毒虫媒白背飞虱，主要用吡虫啉、噻虫嗪药剂拌种。

②秧田和本田初期带毒白背飞虱迁入时，及时喷药治虫，通过治虫达到防病目的。秧田应远离感病的早稻田和玉米田，采用防虫网或无纺布覆盖保护育秧，弃用感病秧苗，带药移栽。

③常发区增加移栽密度，预留备用秧苗。田间发现感病植株及时拔除或踩入泥中，减少本地毒源，并从健株上掰蘖补苗，重病田应及时翻耕改种。

二、常见水稻虫害及其防治

1.稻纵卷叶螟

稻纵卷叶螟是一种典型的迁飞性害虫，也是对水稻为害最大的主要害虫之一。

防治方法：对稻纵卷叶螟的防治，目前仍以药剂防治为主。必须掌握虫情、苗情和天气特点，抓紧幼虫在进入3龄以前（即叶尖初卷）施药。生物农药宜在卵孵化始盛期至低龄幼虫高峰期施用，生物农药选用苏云金杆菌、金龟子绿僵菌CQMa421、甘蓝夜蛾核型多角体病毒、球孢白僵菌、短稳杆菌等品种，化学农药可选用氯虫苯甲酰胺、四氯虫酰胺、茚虫威等品种。

2.三化螟

成虫有强烈趋光性，喜欢在嫩绿的稻田产卵，幼虫有转株为害的特性。

防治方法：

①冬闲田通过翻耕灌水淹没稻桩，消灭越冬幼虫和蛹。

②药剂防治。在卵孵盛期后至幼虫造成枯心或白穗之前用药。若卵孵盛期与水稻孕穗末期至破口期相遇，必须用药。生物农药可选用苏云金杆菌、金龟子绿僵菌CQMa421、印楝素等品种，化学农药可选用甲氧虫酰肼、氯虫苯甲酰胺等品种。

3.稻飞虱

稻飞虱是迁飞性害虫。水稻受害后严重减产，甚至颗粒无收。在防治上，前期防治白背飞虱，后期以防治褐飞虱为主。

防治方法：

①选用抗虫品种。

②控制氮肥用量，降低田间湿度，防止后期贪青。

③药剂防治。防治适期为成虫迁入期和低龄若虫盛期。当田间百丛虫量达到1 000 ~ 1 500头，且以低龄若虫为主时施药，生物农药可选用金龟子绿僵菌CQMa421、球孢白僵菌、苦参碱等品种，化学农药可选用醚菊酯、烯啶虫胺、吡蚜酮、呋虫胺、氟啶虫酰胺、三氟苯嘧啶等品种。

4.福寿螺

福寿螺是一种水生螺类，喜食植物。对水稻的危害为早、晚稻移栽后到露晒田前或直播稻幼苗期，主要是咬断秧苗及有效分蘖，造成少苗缺株，水稻露晒田后危害减轻。

防治方法：

①可在福寿螺发生区的田块、沟渠养鸭子，平时见螺及卵块随时消灭，特别是在春秋两季福寿螺产卵高峰期摘卵捡螺。

②药剂防治。当稻田每平方米平均有螺2 ~ 3头时用药防治，要在成螺产卵前用药。每亩用茶籽饼7.5 ~ 10千克撒施，或6%四聚乙醛颗粒剂200 ~ 700克或50%杀螺胺乙醇胺盐可溶性粉剂80克拌细沙5 ~ 10千克撒施，施药后保持3 ~ 4厘米水层3 ~ 5天。

三、稻田杂草防除

稻田常见杂草有稗草、千金子、李氏禾、马唐、丁香蓼、牛毛毡、节节菜、矮慈姑、鸭舌草、碎米莎草、异型莎草、水莎草、水竹叶、水花生、四叶萍、野荸荠、陌上菜、尖瓣花、鳢肠等。

（一）秧田除草

1. 苗前除草

（1）湿润育秧田除草。播种前3天，亩用60%丁草胺乳油75毫升，拌细土30千克撒施。或在种子催芽播种后2～4天，亩用40%丙·苄（直播净）可湿性粉剂30～40克兑水50千克均匀喷雾，施药后2天内保持田面湿润，2天后灌浅水。

（2）直播田除草。种子催芽播种后2～4天，亩用30%丙草胺（扫弗特）乳油100毫升或40%丙·苄可湿性粉剂45克，兑水30千克均匀喷施。用药后3天内保持田面湿润。

2. 苗后除草

以阔叶杂草、莎草为主的秧田，亩用10%苄嘧磺隆（农得时）可湿性粉剂15克或10%吡嘧磺隆（草克星）可湿性粉剂10～15克，施药时秧田需有浅水层并保水5～7天。或在杂草长至3～4叶期亩用48%苯达松水剂100毫升，兑水40千克喷雾。

以稗草、阔叶草、莎草混生或以稗草为主的水秧田，在稗草长出水面前（一般秧苗3叶期）亩用96％禾大壮乳油75毫升加48％苯达松75毫升喷雾。直播田可在秧苗3叶1心期（稗草1～3叶期）灌水2～3厘米，用45％苄嘧·禾草敌（农家富2号）细粒剂150～180克拌细潮土或化肥撒施，并保水5～7天。注意田块要平整，并做好平水缺口，不要淹没秧苗心叶。

（二）大田除草

（1）翻耕前施药。对杂草较多的空闲田，翻耕前3～5天亩用41％农达水剂150～200毫升，兑水30～40千克喷雾进行播前封杀。

（2）移栽前施药。在移栽前2～3天，亩用12％噁草灵乳油125～150毫升，兑水喷雾或用药瓶装药（稀释10倍）甩施。施药时田间保持浅水层，药后插秧时不排水，保水3～4天。也可在移栽前3天，亩用50％丁草胺100毫升加水50千克均匀喷洒或拌肥料或细土撒施，保水3天后移栽。沙性田、漏水田适当减少用量。

（3）移栽后施药。以阔叶杂草为主的，在移栽后5～7天，亩用10％苄嘧磺隆可湿性粉剂12～15克，拌毒土或肥料撒施，施药前排去田水，施药后2天灌水，保水5～7天。稗草、莎草、阔叶草混生的移栽田，在早稻移栽后6～8天，晚稻移栽后4～7天，亩用40％丙·苄可湿性粉剂60克，拌土或拌肥撒施，施药时应有浅水层，并保水1周，勿使药水外流。注意小苗移栽田、沙性田、漏水田慎用。

四、稻田鼠害防治

害鼠是陆地哺乳动物中数量最多、分布最广、繁殖能力最强的种类之一。对水稻为害期长，从播种到成熟期都可为害。直播稻危害尤为严重。

防治方法：

①整治排灌系统，清除杂草。杂草茂密的排灌渠是害鼠的主要栖息地，每年要定期清除杂草3～4次。构建硬底化排灌系统，对控制鼠害有重要作用。

②采用捕鼠夹、捕鼠笼、粘鼠胶、电猫等器械灭鼠。此法适合经常性灭鼠，但由于鼠类警惕性高，要轮换使用。也可使用围栏陷阱捕鼠。

③化学灭鼠。优先使用第一代抗凝血杀鼠剂，如敌鼠钠盐、杀鼠灵、氯敌鼠等。在第一代药物抗性大的地区，改用第二代抗凝血灭鼠剂2～3年，如溴敌隆、大隆、杀它仗等。在早稻播种前或者灌水办田至水稻回青分蘖期，害鼠在田埂上活动，把毒饵投放在田埂上能有效毒杀鼠类。在挑治稻田鼠害时，害鼠进入无水的稻田，多在田内活动，较少在田埂上活动。此时必须把毒饵投放在害鼠从栖息地进入稻田的鼠路上、稻田排灌水口、田埂下的田面、水稻受害点，才能达到有效控制鼠害的目的。

主要参考文献

蔡祖聪, 徐华, 马静, 2009. 稻田生态系统CH_4和N_2O排放[M]. 合肥: 中国科学技术大学出版社.

曹凑贵, 李成芳, 2014. 低碳稻作理论与实践[M]. 北京: 科学出版社.

陈松文, 刘天奇, 曹凑贵, 等, 2021. 水稻生产碳中和现状及低碳稻作技术策略[J]. 华中农业大学学报, 40 (3) :3-12.

邓祎, 吴姗薇, 寇太记, 等, 2020. 农艺措施减控稻田甲烷和氧化亚氮排放的研究进展[J]. 江西农业学报, 32 (11) :111-118.

高旺盛, 陈源泉, 董文, 2010. 发展循环农业是低碳经济的重要途径[J]. 中国生态农业学报, 18 (5) :1106-1109.

管大海, 张俊, 王卿梅, 等, 2017. 气候智慧型农业及其对我国农业发展的启示[J]. 中国农业科技导报, 19 (10) :7-13.

黄农荣, 梁开明, 钟旭华, 等, 2018. 南方低甲烷排放的高产水稻品种筛选与评价[J]. 农业环境科学学报, 37 (12) :2854-2863.

姜洪雪, 姚丹丹, 冯志勇, 2020. 稻田鼠害绿色防控技术及推广措施[J]. 热带农业工程, 44 (6) :103-105.

李瑞民, 傅友强, 潘俊峰, 等, 2017. 节水高产栽培对直播稻产量、病虫害发生和抗倒性的影响[J]. 中国稻米, 23 (4) :160-164.

李香兰, 徐华, 蔡祖聪, 等, 2009. 水稻生长后期水分管理对CH_4和N_2O排放的影响[J]. 生态环境学报, 18 (1) :332-336.

茆智, 2002. 水稻节水灌溉及其对环境的影响[J]. 中国工程科学, 4 (7) :8-16.

潘俊峰, 钟旭华, 约麦尔·艾麦提, 等, 2018. 不同栽培模式对新疆水稻产量和肥料利用率的影响[J]. 中国稻米, 24 (6) :21-25.

彭世彰，杨士红，徐俊增，2010. 控制灌溉对稻田 CH_4 和 N_2O 综合排放及温室效应的影响 [J]. 水科学进展，21 (2) :235-240.

石生伟，李玉娥，刘运通，等，2010. 中国稻田 CH_4 和 N_2O 排放及减排整合分析 [J]. 中国农业科学，43 (14) :2923-2936.

田卡，张丽，钟旭华，等，2015. 稻草还田和冬种绿肥对华南双季稻产量及稻田 CH_4 排放的影响 [J]. 农业环境科学学报，34 (3) :592-598.

杨建昌，张建华，2019. 水稻高产节水灌溉 [M]. 北京：科学出版社.

袁伟玲，曹凑贵，程建平，等，2008. 间歇灌溉模式下稻田 CH_4 和 N_2O 排放及温室效应评估 [J]. 中国农业科学，41 (12) :4294-4300.

张卫建，陈长青，江瑜，等，2020. 气候变暖对我国水稻生产的综合影响及其应对策略 [J]. 农业环境科学学报，39 (4) :805-811.

钟旭华，梁向明，黄农荣，等，2010. 水稻化肥减量化栽培技术规范 [J]. 广东农业科学 (12) : 71-72.

钟旭华，胡建广，年海，等，2012. 粮食作物种植实用技能 [M]. 广州：中山大学出版社.

钟旭华，黄农荣，胡学应，2013. 水稻"三控"施肥技术 [M]. 2版. 北京：中国农业出版社.

周文涛，龙文飞，毛燕，等，2020. 节水轻简栽培模式下增密减氮对双季稻田温室气体排放的影响 [J]. 应用生态学报，31 (8) :2604-2612.

Junfeng Pan, Yanzhuo Liu, Xuhua Zhong, et al. , 2017. Grain yield, water productivity and nitrogen use ef›ciency of rice under different water management and fertilizer-N inputs in South China[J]. Agricultural Water Management, 184:191-200.

Kaiming Liang, Xuhua Zhong, Junfeng Pan, et al. , 2019. Reducing nitrogen surplus and environmental losses by optimized nitrogen and water management in double rice cropping system of South China[J]. Agriculture, Ecosystems and Environment, 286 :106680.

Kaiming Liang, Xuhua Zhong, Nongrong Huang, et al., 2017. Nitrogen losses and greenhouse gas emissions under different N and water management in a subtropical double-season rice cropping system[J]. Science of the Total Environment, 609:46-57.

Kaiming Liang, Xuhua Zhong, Nongrong Huang, et al. , 2016. Grain yield, water productivity and CH_4 emission of irrigated rice in response to water management in south China[J]. Agricultural Water Management, 163: 319-331.

Towprayoon S, Smakgahn K, Poonkaew S, 2005. Mitigation of methane and nitrous oxide emissions from drained irrigated rice fields[J]. Chemosphere, 59:1547-1556.

Zou Jianwen, Huang Yao, Zheng Xunhua, et al., 2007. Quantifying direct N_2O emissions in paddy fields during rice growing season in mainland China: dependence on water regime[J]. Atmospheric Environment, 41:8030-8042.

图书在版编目（CIP）数据

水稻低碳高产栽培技术及应用案例/钟旭华等著
. —北京：中国农业出版社，2022.3
ISBN 978-7-109-29563-6

Ⅰ.①水⋯　Ⅱ.①钟⋯　Ⅲ.①水稻栽培－高产栽培
Ⅳ.①S511

中国版本图书馆CIP数据核字（2022）第102546号

中国农业出版社出版

地址：北京市朝阳区麦子店街18号楼
邮编：100125
责任编辑：李　蕊　舒　薇　史佳丽
版式设计：杜　然　　责任校对：吴丽婷　　责任印制：王　宏
印刷：中农印务有限公司
版次：2022年3月第1版
印次：2022年3月北京第1次印刷
发行：新华书店北京发行所
开本：880mm×1230mm　1/32
印张：3
字数：70千字
定价：28.00元
